Stefan Berns, Dirk Henningsen

Der Twitter-Faktor

Kommunikation auf den Punkt gebracht

BusinessVillage
Update your Knowledge!

Stefan Berns, Dirk Henningsen
Der Twitter-Faktor
Kommunikation auf den Punkt gebracht
1. Auflage
Göttingen: BusinessVillage, 2009
ISBN 978-3-86980-000-4
© BusinessVillage GmbH, Göttingen

Bestellnummer
Druckausgabe Bestellnummer PB-811
ISBN 978-3-86980-000-4

Bezugs- und Verlagsanschrift
BusinessVillage GmbH
Reinhäuser Landstraße 22
37083 Göttingen
Telefon: +49 (0)5 51 20 99-1 00
Fax: +49 (0)5 51 20 99-1 05
E-Mail: info@businessvillage.de
Web: www.businessvillage.de

Layout und Satz
Sabine Kempke

Abbildung auf dem Umschlag
Milos Willing

Druck und Bindung
Hubert & Co, Göttingen

Geleitwort von Helmut Ament

 Als einer der beiden Autoren, Stefan Berns, im Mai 2009 während einer Präsentations-Tournee zu mir kam und mir voller Begeisterung von Twitter erzählte, musste ich ihm gestehen, dass ich von Twitter nicht im Entferntesten etwas gehört hatte. Als ich dann erfuhr, dass er mit seinem Geschäftspartner ein Unternehmens-Coaching speziell für die Nutzanwendung von Twitter gegründet hatte, wurde ich neugierig.

Als Stefan Berns mich bat, für dieses Erstlingswerk der beiden Autoren ein Vorwort zu schreiben, meldete ich mich selbst auch bei Twitter an und entdecke seitdem die Twitter-Welt langsam auch für mich. Nachdem ich die gewaltigen Vorteile von Twitter Schritt für Schritt für mich immer mehr erahne, kann ich jedem nur wärmstens empfehlen, sich mit dem „Twitter-Faktor" intensiv zu beschäftigen.

Stefan Berns und Dirk Henningsen erklären uns im Twitter-Faktor, wie Sie diesen optimal für Ihr Unternehmen nutzen können, worauf es in der Kommunikation im Web 2.0-Zeitalter ankommt, und wie Sie den größtmöglichen Nutzen für sich daraus ziehen.

Sie finden in dem vorliegenden Buch viele Anregungen und Ideen, um kostengünstig neue Kunden und Interessenten über Twitter zu gewinnen. Sie lernen, wie Sie Ihr persönliches Netzwerk in kürzester Zeit aufbauen und erweitern. Stefan Berns und Dirk Henningsen zeigen Ihnen, wie Sie sich selbst als Marke bekannt machen und somit ihre digitale Persönlichkeitsbildung im Web 2.0 und Twitter vorantreiben und erfolgreich einsetzen.

Nutzen Sie dieses praxisorientierte Wissen, um weiterhin in der digitalen Welt der permanenten Veränderungen erfolgreich bestehen zu können.

Ich wünsche Ihnen, liebe Leserin, lieber Leser, viele wertvolle Erkenntnisse und viel Spaß beim Lesen dieses interessanten Buches.

Ihr

Helmut Ament

SuccessCoach, COB Worldsoft AG, CEO Pegastar AG
www.helmut-ament.de

Inhalt

Inhalt | 7

Über die Autoren

Stefan Berns ist Geschäftsführer und Gründer der @TwittCoach & Consulting GbR in Krefeld. Das Unternehmen hat sich als erste deutsche Unternehmensberatung speziell auf die Nutzanwendung mit und auf Twitter spezialisiert und bietet Dienstleistungen, wie einen Twitter-Account-Service, Layouts oder Coachings, Workshops, Webinare und Seminare, rund um Twitter und Social-Media-Themen an.

Darüber hinaus moderiert er eine stark wachsende Twitter-Marketing-Gruppe auf der Businessplattform Xing.

Bevor er seine Begeisterung für Twitter und die sozialen Online-Netzwerke entdeckte, war er bereits achtzehn Jahre als Unternehmer und Vertriebsmann in den unterschiedlichsten Branchen tätig.

Kontakt
Stefan Berns, Geschäftsführer und Gründer
@TwittCoach und Consulting
E-Mail: sb@twittcc.com
Web: www.twittcc.com
Twitter: www.twitter.com/Onlinesteve

Dirk Henningsen ist Geschäftsführer und Mitbegründer der @TwittCoach & Consulting GbR.

Bevor sich der gelernte Bankbetriebswirt im Jahre 2004 als Coach selbstständig machte, war er viele Jahre kaufmännischer Leiter bei Ikea. Schwerpunkt seiner Tätigkeit war neben der betriebswirtschaftlichen Steuerung eines Einrichtungshauses die innerbetriebliche Unternehmensberatung von Fach- und Führungskräften.

Seine Begeisterung für das Medium Internet brachte Dirk Henningsen dem Internetmarketing näher, das er intensiv betreibt und in verschiedenen Projekten umsetzt.

Schon früh erkannte er die Bedeutung von Twitter für das Marketing im Internet und hat als Autor des ersten deutschsprachigen Twitter-Reports bereits vielen tausend Lesern Twitter näher gebracht.

Neben seinem umfangreichen Wissen über Twitter fließen die profunden Kenntnisse im Internetmarketing in dieses Buch mit ein.

Kontakt
Dirk Henningsen, Geschäftsführer und Gründer
@TwittCoach und Consulting
E-Mail: dh@twittcc.com
Web: www.twittcc.com
Twitter: www.twitter.com/DirkHenningsen

1.
Zuallererst

Sie wollen wissen, ob Twitter-Marketing etwas für Sie und Ihr Unternehmen ist?
Ob es Sinn macht, sich die Zeit dafür zu nehmen, oder eventuell einen der wichtigsten Internet-Trends wieder zu verschlafen? Dann sind Sie hier genau richtig!

Wir können wirklich sagen, dass uns das Twitter-Virus vollkommen erwischt hat und dadurch Twitter unser Leben bis heute sehr positiv verändert hat. Twitter macht Spaß, ist schnell, bringt unbegrenzte Kontakte mit Menschen aus der ganzen Welt, und es ist der Kommunikations-Kanal der Zukunft im Social-Media-Marketing.

Wie kamen wir, die Autoren, selbst zu Twitter?
Die zentrale Frage im Internet, als Homepagebesitzer oder Blogbetreiber, lautet:

„Wie werde ich von qualifizierten Interessenten gefunden, die ich dann zu zahlenden Kunden machen kann?"

Auch wir stellten uns bereits öfters diese entscheidende Frage!

Stefan Berns, durch seine 18-jährige Erfahrung als Verkäufer und Unternehmer, und Dirk Henningsen, als erfahrener Webunternehmer und Coach: Wir beide beschäftigen uns seit einiger Zeit mit den Möglichkeiten und den Fragen, wie wir das Web 2.0 und die sozialen Netzwerke für den Vertrieb von Produkten und Ideen optimal nutzen können.

Beide sind wir seit 2007 auf der Business-Plattform Xing präsent, bauen uns dort erfolgreich unser Profil auf und pflegen unsere Netzwerk-Kontakte.

Wir wurden 2008 auf Twitter aufmerksam. Und beide dachten wir ganz ähnlich und sagten zu uns: *„Oh Mann, wieder alles in Englisch. Und nur englischsprachige User in diesem Netzwerk vertreten. Tolle Idee, aber nichts für mich!"*

Wir hatten uns ja gerade bei Xing erst einmal unsere persönlichen Kontakte aufgebaut und wollten uns nun nicht auch noch mit diesem Twitterdings beschäftigen.

Doch dann passierte etwas Spannendes! Wir merkten unabhängig voneinander, dass es bereits auch sehr viele deutschsprachige (geschätzte 25.000!) Benutzer auf Twitter gab.

Mit jeder Stunde, die wir mit und auf Twitter verbrachten, stellten wir fest, welche phantastischen Möglichkeiten diese MicroBlogging-Plattform für den geschäftlichen Marketingerfolg und das Online-Marketing uns allen bieten würde.

Mittlerweile gehören wir nach nur sechs Monaten zur deutschsprachigen Twitter-Elite und haben uns in dieser kurzen Zeit ein hochwertiges Twitter-Expertenwissen erworben.

Unsere beiden Twitter-Profile @Onlinesteve und @DirkHenningsen sind in dieser kurzen Zeit rasant angewachsen.

Aus dieser Begeisterung heraus und beschwingt durch das rasante Wachstum unserer eigenen Twitter-Accounts gründeten wir dann auf Xing die Twitter-Marketing-Gruppe.

In dieser Gruppe geht es fokussiert um die Nutzanwendung und die unterschiedlichen Geschäftsmöglichkeiten mit und um Twitter! Mittlerweile hat diese Gruppe, die als bestfrequentierte Gruppe zum Thema Twitter auf Xing zählt, mehr als 1.600 Mitglieder, die sich regelmäßig zu diesem Thema austauschen.

Die Entwicklung im Internet ist rasant, und wer sich dort einigermaßen mit entwickeln möchte, ist gut beraten, Trends frühzeitig zu erkennen, diese für sich und sein Unternehmen erfolgreich zu nutzen und sich entsprechend zu positionieren!

Warum nun dieses Buch?
Anfang April 2009 wurden wir angesprochen, als Key-Note-Sprecher auf dem 1. Online-Marketing Webkongress, einer rein virtuellen Veranstaltung im Internet, einen Vortrag über Twitter-Marketing zu halten.

Während dieses virtuellen Webkongresses konnten die Teilnehmer virtuelle Messestände besuchen und sich von 16 hochkarätigen Experten Livevorträge zum Thema Online-Marketing auf der virtuellen Bühne ansehen.

Das aus unserem Vortrag resultierende Zuschauer-Feedback war enorm. Das hat uns dann letztendlich dazu motiviert, die erste deutsche Unternehmensberatung, die @TwittCoach & Consulting, zu gründen. Zum anderen hat es uns auch darin bestärkt, unser bis heute gesammeltes Wissen und unsere Erfahrungen zum Thema Twitter & Marketing in Form dieses Buches vorzulegen.

Twitter wird die Kommunikation im Internet und unter den Menschen verändern sowie die Social-Media-Landschaft noch maßgeblich prägen.

Jeder, der im Internet aktiv ist und sich die Frage stellt *„Wie bekomme ich möglichst kostengünstig viele qualifizierte Besucher auf meine Webseite?"* und *„Wie werde ich schnellstmöglich bekannt im Netz?"*, wird um Twitter nicht mehr herumkommen.

In diesem Buch zeigen wir Ihnen die vielfältigen Möglichkeiten, die Twitter Ihnen und Ihrem Unternehmen für Ihr Marketing und Ihre Unternehmenskommunikation im Social-Media-Bereich bieten kann. Die Entwicklungen und Veränderungen sind rasant, nutzen Sie sie!

Krefeld und Kiel, im September 2009

Stefan Berns @Onlinesteve   Dirk Henningsen @DirkHenningsen

1.1 Was ist der Twitter-Faktor? Und warum Sie dieses Buch unbedingt lesen sollten!

Über Twitter spricht die ganze Welt! Twitter hat wie kein anderes soziales Netzwerk das Web 2.0 in kürzester Zeit verändert. Der 2006 gegründete 140-Zeichen-Dienst ist seit der Wahl von Barack Obama zum 44. Präsidenten der Vereinigten Staaten von Amerika aus den Medien nicht mehr wegzudenken. Es folgten seither immer wieder Ereignisse, die im Zusammenhang mit Twitter und sozialen Netzwerken standen.

Ob im Februar 2009 die Notwasserung im Hudsonriver. Oder Susan Boyle, die völlig unscheinbare Mitt-Vierzigerin, die bei der britischen Talentshow Britains got Talent praktisch über Nacht weltberühmt wurde.

Oder die Ereignisse nach der Parlamentswahl im Iran im Juni 2009, bei der die sozialen Netzwerke und Twitter die einzigen Kommunikationskanäle in und aus dem Iran waren und eine derart wichtige Rolle spielten, dass das US-amerikanische Außenministerium Twitter darum bat, geplante Wartungsarbeiten zu verschieben, damit die Kommunikation mit den Menschen im Iran aufrechterhalten werden konnte.

Oder als am 24.06.2009 die Schockwelle beim Tode des Genies und Superstars Michael Jackson durch das Netz ging, die Twitter sogar zeitweilig zum Zusammenbruch gebracht hat.

Dieser Twitter-Hype, der noch lange nicht vorbei ist und sich sicherlich noch intensivieren wird, hat dazu beigetragen, dass sich Unternehmen, Unternehmer und deren Manager nun intensiv Gedanken machen, wie sich das Web 2.0 und somit die sozialen Netzwerke und vorrangig Twitter für ihre Unternehmenskommunikation nutzen lassen.

Der Twitter-Faktor ist kein Hype, der morgen wieder verflogen ist. Er ist auch nicht zu vergleichen mit dem Hype um die virtuelle Welt Second Life, und schon gar nicht ist er vergleichbar mit dem Platzen der DotCom-Blase im Jahr 2000/2001.

Unserer Überzeugung nach wird Twitter unser aller Leben noch nachhaltiger verändern, als wir es uns heute vorstellen können oder wollen.

Es geht beim Twitter-Faktor in erster Linie um Kommunikation und Vernetzung von allem mit allem.

Niemals zuvor in der Geschichte der Menschheit besaß der einzelne Mensch die technischen Möglichkeiten und die Macht, sich mit unzähligen Menschen auf dem gesamten Globus zu vernetzen und in Echtzeit Wissen und Informationen auszutauschen. Jeder, der in diesem Netz aktiv und präsent ist, ist gleichzeitig Sender und Empfänger, und nicht mehr nur Konsument der Informationen einer Medienelite!

Das bedeutet, dass Menschen sich entsprechend auch über Unternehmen, Produkte und Dienstleistungen austauschen. Kein Unternehmen kann es sich heute in global vernetzten Märkten noch leisten, sofern es die aktuellen wirtschaftlichen Herausforderungen, in denen wir uns befinden, meistern will, Twitter nicht zu nutzen oder gar völlig zu ignorieren. Entweder Sie hören den Menschen im Internet zu, wie sie über Ihre Produkte und Ihr Unternehmen sprechen, oder Sie kommunizieren mit Ihnen und nutzen diese wertvollen Informationen, um Ihr Unternehmen erfolgreicher und effektiv wie noch nie zu machen.

Und der Fokus liegt bei den Gesprächen im Internet zuallererst einmal auf dem Zuhören, einer Fähigkeit, die wir schon in der realen Welt der Kommunikation nicht immer ohne Weiteres umsetzen können.

In der digitalen Welt der sozialen Netzwerke wird sie aber immer wichtiger. Dort ist die Kommunikation niemals eine Einbahnstraße. Es kommt auf den Austausch an von Menschen – früher nannten wir sie Zielgruppe – mit den Unternehmen über deren Produkte und deren Service.

Twitter-Faktor

Der Twitter-Faktor bedeutet, dass zukünftig alles mit allem kommuniziert und jeder mit jedem interagiert.

Die digitale Welt wird zum Dorf, Entfernungen schmelzen auf dem Weg jedes Einzelnen zum nächsten Internetzugang.

Twitter ist hierbei nur der Anfang von einem Prozess eines neuen Zeitalters der Vernetzung und der Kommunikation mit allem!

Warum es so wichtig ist, diese Entwicklung nicht zu verschlafen, und wie Sie Twitter mit all seinen vielfältigen Möglichkeiten, möglichst mit maximalem Nutzen für sich und Ihr Unternehmen verwenden, das zeigt Ihnen dieses praxisorientierte Buch.

1.2 Web 2.0? Was ist das?

Hieß es 2008 in dem ersten deutschsprachigen Twitterbuch von Nicole Simon und Nikolaus Bernhardt noch im Titel *Twitter – Mit 140 Zeichen zum Web 2.0*, können wir ein Jahr später sagen, dass wir mittlerweile mitten im Web 2.0 angekommen sind.

Wir schreiben das Jahr 2009, und seit Jahresanfang feiern die klassischen Medien den Twitter-Hype. Twitter ist aus den Medien nicht mehr wegzudenken.

Twitter ist ein sogenanntes Social Network, also ein soziales Netzwerk, in dem sich Menschen mit den gleichen Interessen miteinander vernetzen und austauschen können. Damit ist Twitter aber nicht alleine. Mittlerweile gibt es eine ganze Reihe von Social Networks, deren Nutzung und explosionsartiges Wachstum geradezu schwindelerregend sind.

Doch was wird heute allgemein unter dem wohlklingenden Begriff Web 2.0 verstanden? Was sind die charakteristischen Merkmale dieses neuen Internets? Es ist wichtig, dass wir uns das kurz anschauen, damit Sie erkennen, dass Twitter nur ein weiterer Meilenstein dieser sich immer mehr vollziehenden Vernetzung auf unserem Planeten ist.

Der Begriff Web 2.0 wurde bereits im Jahre 2003 in der US-Ausgabe *Fast Forward 2010 – The Fate of IT* des *CIO Magazins*, einem Fachmagazin für IT-Manager, erstmals in der Öffentlichkeit erwähnt. Er bezeichnet spezielle Technologien für die Nutzung des Internets und bezieht sich auf die veränderte Nutzung und Wahrnehmung des Internets. Die Benutzer erstellen, bearbeiten und verteilen Inhalte in quantitativ und qualitativ entscheidendem Maße selbst, unterstützt von interaktiven Anwendungen.

Die Inhalte werden nicht mehr nur zentralisiert von großen Medienunternehmen erstellt und über das Internet verbreitet, sondern auch von einer Vielzahl von Nutzern, die sich mit Hilfe sozialer Software zusätzlich untereinander vernetzen.

Hierbei wird im Marketing versucht, vom Push-Prinzip (Stoßen: aktive Verteilung) zum Pull-Prinzip (Ziehen: aktive Sammlung) zu gelangen und Nutzer zu motivieren, Webseiten von sich aus mitzugestalten.

Nach aktuellen Schätzungen der Marktforscher nutzen bereits heute, im Sommer 2009, 734 Millionen Menschen das Web auf diese Art und Weise und sind in sozialen Netzwerken präsent.

Das entspricht 65 Prozent der 1,1 Milliarden Internetnutzer. Ganz vorne auf der Rangliste steht das aktuell größte Netzwerk Facebook mit rund 240 Millionen Nutzern. Jeden Tag kommen hier alleine 700.000 Menschen hinzu.

Trotz einzelner gegenteiliger Meinungen scheint das Wachstum anzuhalten. Die aktivsten Mitglieder kommen aus Russland. Grund wie anderswo auch: Soziale Netzwerke sind besonders in großen Ländern eine gute Möglichkeit, miteinander in Verbindung zu bleiben. Auf den anderen Plätzen folgen Kanada und Brasilien. Deutschland liegt im Mittelfeld.

Charakteristisch am Web 2.0 ist seine einfache Handhabbarkeit, denn der Nutzer kann ohne großes Vorwissen eigene Beiträge im World Wide Web publizieren und Beiträge anderer kommentieren, sich virtuell vernetzen oder in Foren präsentieren und beteiligen.

Doch wie sieht die aktuelle Internet-Nutzung in Deutschland aus?
67,1 Prozent der Deutschen sind 2009 online, was 43,5 Millionen Menschen entspricht.

Bereits heute sehen nach der aktuellen ARD/ZDF-Onlinestudie 2009 34 Prozent der deutschen Onliner das Internet und das Web 2.0 als ihr „Primär-Medium" an. Weiter wird in dieser Studie deutlich, wie sehr das Internet zunehmend in den Alltag der Menschen eingebunden und genutzt wird. Aktuell sind 71,6 Prozent aller deutschen Internetnutzer täglich im Netz. 40 Prozent haben bereits die sogenannten Online-Communitys genutzt, und 27 Prozent nutzen diese wenigsten ein Mal wöchentlich. Das entspricht einem Plus von 6 Prozent im Vergleich zum Vorjahr.

Da mittlerweile immer mehr Deutsche die Abrechnung Ihrer Internetge-
bühren auf Flatrate-Modelle umgestellt haben, wird auch nicht mehr auf
die Zeit geachtet, und die Verweildauer im Netz ist mit 136 Minuten täglich
so hoch wie nie zuvor.

Und es werden immer mehr Audios oder Videos im Netz konsumiert. Mittlerweile soll das Videoportal YouTube über 100 Millionen Zugriffe im Monat
verzeichnen und für 15 Prozent des weltweiten Datenverkehrs verantwortlich sein.

Doch nun zurück zum Web 2.0 und durch was es sich auszeichnet. Es ist der
Austausch von persönlichen und digitalen Medien der Nutzer. Dies können
Texte, Musik, Videos, Podcasts, Fotos oder Software sein. Diese digitalen Medien werden innerhalb der Web 2.0-Gemeinde ausgetauscht, bewertet und
kommentiert. Das Entscheidende ist dabei, dass diese digitalen Schöpfungen
der Nutzer jederzeit von ihnen selbst hergestellt werden können, und es
keiner klassischen Medienanstalt, wie eines Fernsehsenders oder eines Zeit-
schriftenverlages, bedarf. Das Erfolgsgeheimnis des Web 2.0 basiert auf der
Verlinkung der einzelnen Inhalte. Jede Information, jedes Video oder jede
Erklärung und Antwort ist nur einen Klick von Ihnen entfernt.

Und wo finden Sie diese Inhalte, die Sie selbst produzieren, bewerten,
kommentieren und weiterleiten können? Zum einen in der Sammlung der
Weblogs, der Internettagebücher, kurz Blogs, und zum anderen in den vielfältigen Communitys wie Facebook, YouTube, Twitter oder Flickr, um nur
einige zu nennen.

1.3 Druck versus Sog-Marketing

Twittern und die Kommunikation in den Social Networks bedeuten ein massives Umdenken in den Marketingabteilungen und Geschäftsführungen der Unternehmen. Durch die sozialen Technologien, die uns heute im Internet umgeben, ist es jedem möglich, sich über Produkte eines Unternehmens zu äußern und sich in seinen persönlichen Netzwerken darüber auszutauschen. Je nachdem wie groß, und vor allem effektiv, die eigenen Netzwerke sind und welche soziale und gesellschaftliche Stellung man genießt, wird den jeweiligen Aussagen und Bewertungen Gewicht geschenkt. Doch selbst wenn jemand nur ein ganz normaler Konsument ist, der sich über mein Produkt äußert, ist es wichtig, dieser Äußerung Aufmerksamkeit zu schenken.

Doch schauen wir uns an, wie Marketing und Werbung in der Vergangenheit betrieben wurden. Seit Menschen in Tauschbeziehungen treten, gibt es Wirtschaftswerbung. Die beiden Faktoren Handel und technische Entwicklung führten zu immer neuen Werbemitteln, die mittlerweile zu einer unüberschaubaren Menge geworden sind. Begonnen hat alles einmal mit der Übermittlung von Werbebotschaften und Empfehlungen von Mensch zu Mensch, also von Mund zu Mund. Durch die Einführung des Papiers in Europa entwickelten sich dann die handschriftliche Werbung und die ersten Plakate. Gleichzeitig wurden in dieser Zeit auch die ersten Messen und Märkte veranstaltet, und es wurden Schilder für die Werbung eingesetzt. Durch die industrielle Revolution und die damit einhergehende enorme Beschleunigung der Werbeentwicklung entstanden und etablierten sich die ersten Marken. Marken vermitteln uns bis heute Vertrauen, signalisieren uns Geborgenheit und garantieren uns Sicherheit. Letztlich sind sie der Ersatz für vertrauenswürdige Händler. Bereits 1439 gab es die erste Printwerbung, und erste Anzeigen, wie wir sie heute noch in Zeitungen finden, gab es bereits 1631. Die ersten Litfaßsäulen, die man ab 1855 aufstellte, wurden für die Werbung mit Plakaten genutzt. Mit der Erfindung der Elektrizität im

Jahre 1879 wurden dann auch die ersten Leuchtreklamen entwickelt und eingesetzt. Werbung im Kino konnten wir bereits ab 1905, wenn auch als Stummfilm und in schwarz-weiß, sehen. Es folgten dann im letzten Jahrhundert ab 1926 das Radio, ab 1941 in den USA das Fernsehen und ab zum Beispiel 1990 das Internet.

Aktuell im Jahre 2009 befinden wir uns im medialen und werblichen Overkill. Jede noch so verrückte Möglichkeit wird von der Werbeindustrie genutzt, um die Aufmerksamkeit der Konsumenten zu gewinnen und zu binden.

Dabei sollten wir uns jedoch einmal folgende Zahlen bewusst machen:

- *Wir erhalten täglich bis zu 7.000 Werbebotschaften!*
- *98,2 Prozent der Werbung landen auf dem Müll!*
- *98 Prozent der Menschen sind seit Jahren informationsüberlastet!*

Wir können die aktuelle Situation mit dem Hammer-Prinzip vergleichen. Wir hauen unsere Produkt- und Werbebotschaften unseren Konsumenten und Kunden permanent mit allen uns zur Verfügung stehenden Mitteln um den Kopf. Ob es die Printwerbung ist, die wir täglich aus unserem Briefkasten fischen und in den Altpapiercontainer entsorgen, die sich permanent steigernden Werbeanrufe, privat oder geschäftlich, oder auch die tägliche Spam-Flut in unseren E-Mail-Postfächern: Jeder buhlt um unsere Aufmerksamkeit und um unsere Kaufkraft! Doch wirklich effektiv und gewinnbringend sind diese ganzen Werbewege nicht mehr, und sie kosten Unmengen an Geld. Und nicht jedes Unternehmen, ob gerade gegründet oder schon seit vielen Jahren am Markt, verfügt über ein vielstelliges monatliches Werbebudget. Umso wichtiger ist es heute, die vorhandenen Mittel sinnvoll und vor allem effektiv für seine Werbung und sein Marketing einzusetzen, um seine Geschäfts- und Unternehmensziele zu erreichen.

Doch gerade durch die Entwicklung und das rasante Nutzer-Wachstum in den sozialen Netzwerken und auf Twitter haben wir heute mehr Alternativen, auf uns und unser Unternehmen aufmerksam zu machen – und das vielfach kostenlos. Wir haben mehr Möglichkeiten durch das Web 2.0, als wir nutzen können. Es gibt eine Vielzahl von sozialen Netzwerken, die heute schon mit Twitter interagieren. Es gibt zu jedem Themenbereich, den wir uns nur vorstellen können, Internetforen, in denen sich unsere zukünftigen Kunden aufhalten. Und selbst Twitter hält für uns unbegrenzte Möglichkeiten bereit. Welche spannenden und hoch effektiven Wege wir gehen können, um mit Twitter kostenlose PR für uns zu betreiben oder gar neue Kunden zu finden, das erfahren Sie im nächsten Kapitel.

1.4 Aktuelle Nutzungszahlen im Social-Media-Marketing

Die aktuellen Nutzungs- und Wachstumszahlen sind teilweise sehr unterschiedlich.

Schauen wir uns vorab einmal die globale Entwicklung an: Nach einer Berechnung des amerikanischen Marktforschungsunternehmens Comscore nutzen bereits heute 734 Millionen Menschen in aller Welt ein soziales Netzwerk. Das entspricht 65 Prozent der aktuell 1,1 Milliarden Internetnutzer. Angeführt wird dieses Ranking von Russland, Brasilien, Kanada. Deutschland und die USA liegen bei dieser Berechnung im Mittelfeld. Im Durchschnitt verbringen die Menschen laut Comscore circa 3,7 Stunden pro Monat in sozialen Netzwerken. Die Russen liegen mit 6,6 vor den deutschen Usern mit 4,5 Stunden und vor den Amerikanern mit 4,2 Stunden.

Auch der Informationsanbieter Datamonitor sieht weiter stark wachsende Nutzerzahlen.

Den Menschen gefällt offenbar besonders, so Datamonitor, dass sie von zu Hause aus Kontakte knüpfen und Beziehungen aufrechterhalten können. Zwar stehen hinter den wachsenden Nutzungszahlen vor allem die jüngeren Menschen, aber auch viele ältere Nutzer wollen den Zug nicht ganz verpassen und springen mehr und mehr auf.

Nach ihren Berechnungen liegen die Briten mit 9,6 Millionen Nutzern in Social-Networking-Webseiten vorne. Weiterhin wird angenommen, dass bis 2012 die Hälfte aller Briten Dienste wie Facebook oder MySpace nutzen wird.

Dass die Briten die Dienste bislang am schnellsten und am meisten benutzt haben, führt Datamonitor auch darauf zurück, dass diese in der Regel mit englischen Versionen gestartet sind.

Nach den Briten nutzen die Franzosen die Social-Networking-Angebote mit 8,9 Millionen am zweithäufigsten, an dritter Stelle kommen die Deutschen mit 8,6 Millionen.

In Deutschland werden bis 2012 21,7 Millionen Nutzer prognostiziert. Spanien, das an vierter Stelle steht, hat nur 2,9 Millionen Nutzer. Insgesamt tummeln sich auf den Social-Networking-Websites 41,7 Millionen Europäer, in vier Jahren sollen es 107 Millionen sein.

Eines zeigen alles, diese Untersuchungen und Nutzungszahlen: Es handelt sich bei Social Media nicht nur um einen Trend, sondern diese Form der Internetnutzung ist vor allem ein soziales Phänomen, und damit Zeitgeist und zugleich Lifestyle!

Das gilt vor allem für die Nutzergruppe der 14- bis 29-Jährigen, aber zunehmend auch für die 30- bis 39-Jährigen, die mitten im Berufsleben stehen. Alles in allem also enorme Nutzerzahlen, die im aktuellen Web 2.0 präsent und vor allem aktiv sind.

1.5 MicroBlogging

Bei Twitter handelt es sich um einen sogenannten MicroBlogging-Dienst, und gleichzeitig um eines der am schnellsten wachsenden Social Networks überhaupt.

Bloggen und die Blogosphäre machen einen großen Teil dieses Mitmach-Netzes aus. Hat man bei einem normalen Blog in seinen Texten unbegrenzt viele Zeichen zur Verfügung, unterscheidet sich das MicroBlogging darin, dass hier mit maximal 140 Zeichen kommuniziert wird.

Es geht also beim MicroBlogging darum, kurze Informationen mit maximal 140 Zeichen zu übermitteln. Um mit dem Untertitel dieses Buches zu sprechen: Kommunikation auf den Punkt gebracht.

Dabei sind durchaus nicht nur Textnachrichten gemeint, sondern es können in diese Kurz-Nachrichten – im Twitter-Jargon sind das „Tweets"– auch Bilder, Videos, Sprachnachrichten oder Musikdateien eingebunden werden. Wichtig ist jedoch immer, möglichst knackig und präzise zu formulieren.

Diese Kurznachrichten können Sie direkt über die Homepage von Twitter versenden, oder Sie nutzen eines der vielen Zusatzprogramme dazu. Natürlich gibt es auch mobile Anwendungen, die Twitter erst richtig spannend machen und ihm auch zu seiner Popularität verholfen haben. Auf die Gründe dafür kommen wir später noch zu sprechen.

Twitter ist nicht der einzige MicroBlogging-Dienst, jedoch der bekannteste und der am schnellsten wachsende. Weitere Dienste sind *laconi.ca, identi.ca, bleeper.de.*

Schauen wir uns nun an, was Twitter genau ist und wie es funktioniert!

1.6 Was ist dieses Twitterdings?

Das ist die Frage, die wir immer wieder gestellt bekommen haben und die man auch Ihnen oft stellen wird, sobald sie zu twittern beginnen. Und obwohl Twitter seit einem halben Jahr sehr oft in den Medien präsent ist, haben weit über 50 Prozent der Deutschen noch nie davon gehört.

Früher hieß die Hauptfrage auf Twitter: Was machst Du gerade?

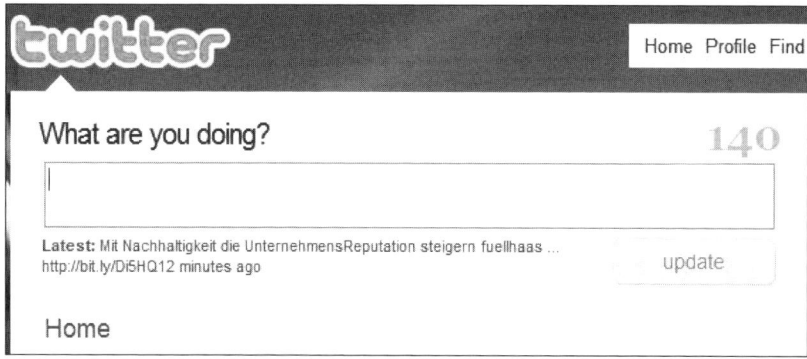

Abbildung 1: Twitter Texteingabefeld mit maximal 140 Zeichen

Doch Twitter ist weit mehr als die Antwort auf diese banale Frage. Und um möglichst vielen Menschen auf der Welt zu erklären, was Twitter ist und welchen Nutzen Sie davon haben, hat Twitter selbst im Juli 2009 seine Startseite überarbeitet und benutzerfreundlicher gestaltet.

Die Frage unter dem großen Such-Eingabefenster lautet nun:
„See what people are saying about …“, also etwa: *„Sieh nach, was die Leute gerade über … sagen“*.

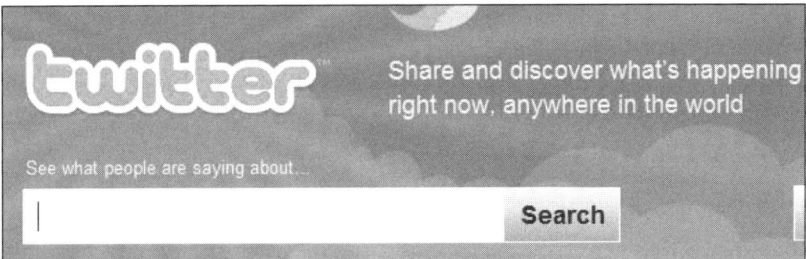

Abbildung 2: Twitter Texteingabefeld der Startseite

Und gleich daneben steht die Aufforderung, herauszufinden, was die Welt gerade in diesem Augenblick unternimmt und tut. Das trifft nun auch das volle Potenzial von Twitter.

Twitter ist eine riesige menschliche Suchmaschine, ein Netzwerk von vielen Millionen Menschen auf der ganzen Welt, die gerade das miteinander teilen, was sie gerade erleben, fühlen, denken, im Internet finden oder was ihnen im realen Leben passiert. In maximal 140 Zeichen, in Form von Texten, Bildern, Videos oder Musik werden diese Erlebnisse mit den Menschen in ihrem Twitter-Netzwerk geteilt. Twitter ist der Puls des Lebens in Echtzeit, und Twitter ist der Beginn des Realtime-Internets.

Weitere Fakten und Informationen zu Twitter schauen wir uns gleich noch in Kapitel 2 an. Aber vielleicht haben wir hier Ihre ersten Fragen schon beantwortet und Ihnen Lust auf mehr gemacht!

1.7 Aktualität der Internetadressen

Da ein so statisches Medium wie ein Buch und ein dynamisches Medium wie das Internet und Twitter eigentlich überhaupt nicht zueinander passen, möchten wir Sie an dieser Stelle darauf aufmerksam machen, dass Sie alle in diesem Buch verwendeten Internetadressen und Links auf unserem Twitter-Marketing-Blog unter *www.twittcoach.com* jederzeit nachlesen können.

Sie erhalten dort immer die neuesten Versionen sowie eine Direktlink-Liste. Das hat für Sie den Vorteil, dass Sie direkt auf die entsprechende Seite gelangen und sie nicht erst lange abtippen müssen.

Darüber hinaus wird dieser Blog kontinuierlich weiter ausgebaut und soll als zentrale Anlaufstelle zum Thema Corporate Twitter im deutschsprachigen Raum dienen. Zur Zeit der Drucklegung sind alle in diesem Buch angegebene URLs und Links von den Autoren auf Aktualität überprüft worden und gültig.

2.
Twitter-Fakten

Begleiten Sie uns jetzt bei einigen Ereignissen, die wir im laufenden Jahr 2009 mit Twitter erlebt haben.

Sicherlich haben auch Sie das eine oder andere Ereignis noch gut im Kopf und haben sich möglicherweise gefragt, was genau Twitter damit zu tun hatte und in welchem Zusammenhang es stand. Vielleicht hilft Ihnen unser kurzer Abriss, zukünftige Ereignisse anders und bewusster wahrzunehmen.

- **Oktober 2008:** Barack Obama twittert und hat bereits während seines Wahlkampfes über 320.000 Follower, mit denen er im Wahlkampf kommuniziert. Er setzt damit neue Maßstäbe, mit ihm beginnt das Zeitalter des Online-Wahlkampfs.

- **Januar 2009:** Notwasserung einer Boeing im Hudson-River, New York – das erste Bild macht ein Twitter-User und schickt es um die Welt.

- **März 2009:** Der Amoklauf von Winnenden – das erste Twitter-Ereignis in Deutschland.

- **April 2009:** Twitter verzeichnet ein Wachstum von 95 Prozent allein im März.

- **April 2009:** Die US-Talkmasterin Oprah Winfrey beginnt live in der Sendung zu twittern und hat nach dem ersten Tag über 125.000 Follower.

- **April 2009:** Der Hollywood-Schauspieler Ashton Kutcher wettet öffentlich, dass er schneller als der Fernsehsender CNN auf eine Million Follower kommt – und gewinnt! Anfang August 2009 folgen ihm bereits mehr als 3 Millionen Menschen!

- **Mai 2009:** Susan Boyle wird durch *Britains got Talent* auf Twitter über Nacht zum Star!

- **Mai 2009:** Twitter erhält den Internet-Oscar Webby Awards 2009 in der Kategorie „Online-Aufsteiger des Jahres".

- **Juni 2009:** Die Wahl im Iran: Twitter wird zum Werkzeug der Demokratie und ist tagelang der einzige Kommunikationskanal mit dem Westen.

- **Juni 2009:** Der Tod von Michael Jackson und die dadurch ausgelöste globale Schockwelle zwingen Twitter in die Knie. Es muss kurzzeitig vom Netz genommen werden.

- **August 2009:** Twitter erleidet einen Hackerangriff, der ursprünglich einem georgischen Blogger galt. Ergebnis ist, dass Twitter mehrere Stunden komplett ausfällt und erst nach Tagen wieder zu hundert Prozent funktioniert.

Weitere globale oder auch nationale Ereignisse werden noch folgen. Twitter wird dabei immer öfter eine Rolle spielen, weil Twitter unmittelbar, nah und schnell ist. Um Twitter werden Sie nicht mehr herumkommen.

2.1 Entwicklung von Twitter

Twitter wird am 13. Juli 2006 von den drei Gründern Jack Dorsey, Biz Stone und Evan Williams gestartet. Ursprünglich wurde es als Forschungsprojekt bei der Firma Odeo genutzt. Im Jahr 2006 wurde Twitter dann ein Produkt der Firma Obvious und später dann als Twitter Inc. ausgegliedert.

Im März 2009 wird durch das US-Marktforschungsunternehmen Nielsen bekannt gegeben, dass Twitter in dem zurückliegenden Jahr ein Wachstum von 1.382 Prozent verzeichnen kann!

7 Millionen Menschen nutzen zu dieser Zeit bereits Twitter. Im Februar 2008 waren es gerade mal 475.000. Twitter gehört damit nach MySpace und Facebook zu den am schnellsten wachsenden Online-Netzwerken der Welt. Im nächsten Kapitel schauen wir uns die aktuellen Nutzerzahlen ein wenig genauer an.

2.2 Twitter-Nutzungszahlen global

Twitter hat bisher seine meisten Nutzer in den USA. In Kanada, Norwegen, Australien, Großbritannien und Neuseeland ist die Zahl in diesem Jahr besonders schnell gestiegen. In Deutschland wächst Twitter ebenfalls rasch. Dazu aber mehr im folgenden Kapitel.

Mittlerweile wurden bereits einige Nutzungsstudien zu Twitter erstellt. Und zu dem Zeitpunkt, wenn Sie dieses Buch lesen, werden die hier angegebenen Zahlen bereits wieder Schnee von gestern sein. Zum einen ist das Internet grundsätzlich extrem schnell und zum anderen befindet sich Twitter nach wie vor in einer explosionsartigen Wachstumsphase, die auch noch einige Monate, wenn nicht sogar Jahre, anhalten wird.

Vergegenwärtigen Sie sich einmal, dass im Juli 2009 nach einer Berechnung des amerikanischen Marktforschungsunternehmens Comscore bereits 734 Millionen Menschen weltweit soziale Netzwerke nutzen und darin organisiert sind. Darüber hinaus ist Facebook nach absoluten Zahlen mit 250 Millionen Mitgliedern das größte soziale Netzwerk und mittlerweile auch die viertgrößte Internetseite der Welt. Aus diesen Zahlen wird schnell deutlich, dass Twitter mit seinen aktuell 44,5 Millionen Nutzern (Stand Juli 2009) in den nächsten Jahren noch enormes Entwicklungs- und Wachstumspotenzial haben wird.

Wenn Sie jetzt noch zusätzlich berücksichtigen, dass Twitter beabsichtigt, bis zum Jahre 2013 das größte soziale Netzwerk der Welt mit 1 Milliarde registrierten Mitgliedern zu werden, dann können Sie sich in etwa vorstellen, wohin die Entwicklung in der Social-Media-Landschaft und mit Twitter gehen wird.

Diese Wachstumszahlen stammen übrigens aus einem circa 300 Seiten starken internen Dokument, das Twitter durch Hacker im Internet gestohlen wurde.

Schauen wir uns nun mal etwas genauer an, wie Twitter bisher genutzt wurde.

Der amerikanische Social-Media-Analyse-Anbieter sysomos hat hierzu eine Studie erstellt, welche einen tiefen Einblick in die Twitter-Welt liefert. Die Analyse von 11,5 Millionen Twitter-Accounts liefert dabei die Antworten auf Fragen wie:

• Warum ist dieser Service in den letzten Monaten so stark gewachsen?
• Wieso wird in den Medien so viel darüber berichtet?
• Wie wird der Service genutzt?

Hier eine kurze Zusammenfassung der wichtigsten Antworten

- 72,5 Prozent der User haben sich erst im Jahr 2009 registriert.
- 85,3 Prozent der Nutzer posten weniger als ein Update pro Tag.
- 1,13 Prozent verfassen mehr als 100 Tweets pro Tag.
- 21 Prozent der Nutzer haben noch überhaupt keine Nachricht auf Twitter verfasst.
- 93,6 Prozent der Nutzer haben weniger als 100 Follower.
- 1,35 Prozent haben mehr als 500 Follower und 0,68 Prozent mehr als 1.000 Follower.
- 92,4 Prozent folgen weniger als 100 Leuten.
- 0,94 Prozent folgen mehr als 1.000 Leuten.
- 5 Prozent der Twitter-Nutzer sorgen für 75 Prozent der täglichen Aktivitäten auf Twitter, 10 Prozent für 86 Prozent und 30 Prozent der Nutzer für 97,4 Prozent der Aktivitäten.
- Dabei gilt die Faustregel: Je mehr Follower ein Nutzer hat, umso mehr Nachrichten verfasst er.
- Die meisten Nachrichten werden dienstags verfasst (15,7 Prozent), gefolgt von mittwochs (15,6 Prozent) und freitags (14,5 Prozent).
- Die aktivsten Stunden der Nutzer liegen zwischen 11 und 15 Uhr.
- 50,4 Prozent der Nutzer haben ihren Status innerhalb der letzten Woche nicht upgedated.
- Die weltweite Twitter-Hauptstadt ist New York, gefolgt von Los Angeles, Toronto, San Francisco und Boston.
- In Europa befinden sich die meisten Twitter-Nutzer in Paris, dicht gefolgt von London.
- Nach Ländern: Die meisten Twitter-Nutzer befinden sich in den USA (62,14 Prozent), gefolgt von UK (7,87 Prozent) und Canada (5,69 Prozent).
- Deutschland befindet sich auf Position 6 (1,51 Prozent).
- Mehr als 50 Prozent der Updates werden nicht direkt auf *twitter.com* gepostet, sondern mit Hilfe eines Tools auf dem Desktop oder dem Handy.
- Das meist benutzte Tool in diesem Bereich ist TweetDeck.
- Es sind mehr Frauen auf Twitter (53 Prozent) als Männer (47 Prozent).

Diese Zahlen sollen Ihnen ein wenig die Einschätzung erleichtern, ob Twitter nur ein kurzer Hype ist oder ob sich daraus tatsächlich, wie wir denken, noch mehr entwickeln wird.

Bitte beachten Sie aber, dass jedes Analyse-Unternehmen seine Zahlen unterschiedlich berechnet. So wird es Ihnen immer wieder passieren, dass Sie völlig unterschiedliche Wachstums- und Entwicklungszahlen zu Twitter im Netz vorfinden werden.

So werden zum Beispiel die Besuche über andere Seiten oder die Nutzung von Zusatz-Applikation manchmal mitgerechnet, manchmal aber auch nicht. Und bei den meisten Berechnungen wird auch die große Anzahl von Spam-Accounts nicht berücksichtigt und herausgerechnet.

Schauen wir uns nun anhand einiger Zahlen die Entwicklung in den letzten Monaten in Deutschland an.

2.3 Twitter-Nutzung in Deutschland

Wie auch bei den globalen Nutzungszahlen von Twitter zu sehen ist, ergeben sich bei den rein deutschen Nutzern von Twitter sehr unterschiedliche Ergebnisse.

Erschwerend für die deutschen Statistiken kommt hinzu, dass Twitter keine Angaben zu der Nationalität von Nutzern herausgibt. So werden die Nutzerzahlen für Deutschland mit unterschiedlichen Methoden ermittelt, zum Beispiel mit Hilfe einer Spracherkennungssoftware, die die Tweets durchforstet und den deutschen Nutzern zuordnet.

Diese Art der Ermittlung führt zu den extrem großen Schwankungen bei den Angaben zu den deutschen Twitter-Nutzern.

Im Mai 2009 haben angeblich erst 78.000 Menschen in deutscher Sprache getwittert, immerhin aber schon 25 Prozent mehr als im Vergleich zum Vormonat, was bei gleichbleibendem Wachstum im Mai 2010 bereits zu 1 Million Usern führen würde.

Der Infodienst Nielsen hat für Juni 2009 sogar 1,8 Millionen Besucher auf *twitter.com* gemessen, die wenigstens ein Mal im Monat auf Twitter waren. Allerdings kommen 1,5 Millionen dieser Besucher über andere Seiten zu Twitter, allen voran Google.

71,1 Prozent der Nutzer waren lediglich ein Mal auf der Webseite und 14,8 Prozent mindestens drei Mal.

Weiterhin hat Nielsen herausgefunden, dass Twitter zu 54 Prozent von Frauen genutzt wird und hauptsächlich von der Gruppe der 25- bis 34-Jährigen.

Nach einer anderen Berechnung der Seite *webevangelisten.de* waren im Juli 2009 circa 180.000 deutschsprachige Accounts bei Twitter registriert. Aber auch diese Zahl enthält die vielen stummen Twitter-Nutzer, die selbst nur lesen und nicht aktiv posten.

Dennoch lässt sich aus der Berechnung ablesen, dass im Juli 2009 die Neuanmeldung von 34 Prozent auf 37 Prozent angewachsen ist. Das Quartalswachstum liegt derzeit bei 233 Prozent. Somit lässt sich feststellen, dass sich die Anzahl der deutschsprachigen Nutzer in den letzten drei Monaten mehr als verdoppelt hat.

Twitter-Nutzung in Deutschland auf einen Blick

- 180.000 Accounts im Juli 2009
- alle drei Monate verdoppelt sich die Nutzerzahl
- für 2010 werden 500.000 bis 1 Million deutschprachige Accounts erwartet

3.
Vorteile und Nutzen von Twitter im Marketing

Viele Twitter-User nutzen Twitter rein zum Spaß und zur Unterhaltung. Das ist vollkommen o.k., denn dafür ist Twitter natürlich auch optimal nutzbar. Sie wollen mit ihren Freunden verbunden sein und sie an ihrem Leben teilhaben lassen. Sie wollen sich mit ihnen über den gerade laufenden Tatort unterhalten oder den Kinostart vom neuesten Harry-Potter-Film.

Da Twitter viel mehr als ein Unterhaltungsmedium oder die Weiterentwicklung der SMS ist, wollen wir uns in diesem Buch natürlich anschauen, was der Twitter-Faktor ist und was ihn ausmacht. Wie können Sie Twitter nutzen, um neue, interessante Kontakte für Ihr Geschäft zu finden? Wie können Sie immer auf dem Laufenden bleiben? Wie schaffen Sie es, im Web 2.0 bekannt wie ein bunter Hund zu werden? Wie gelingt es Ihnen, Sie viele neue, an Ihren Produkten interessierte Kunden auf Ihre Homepage zu bekommen? Wie bauen Sie in kürzester Zeit ein kraftvolles und effektives Netzwerk im Web 2.0 auf? Wie bekommen Sie echtes und wahres Feedback von Ihren Kunden und Konsumenten? Das sind alles Fragen, die wir uns selbst zu Beginn unserer eigenen Twitter-Nutzung gestellt haben. Nach vielen hundert Stunden mit und auf Twitter und vielen eigenen Anfängerfehlern möchten wir Ihnen diese Fragen beantworten.

Von Anfang an haben wir uns auf die Möglichkeiten und die Nutzanwendung von Twitter für Unternehmen konzentriert. Uns interessiert, wie wir Twitter, dieses mächtige Kommunikations-Werkzeug, innerhalb der Social-Media-Welt optimal nutzen können. Für uns ist wichtig, mehr kaufende Kunden auf unsere Homepage und unseren Blog zu locken. Und wie wir in kürzester Zeit bekannt und unverwechselbar im Web 2.0 werden und uns so eine erfolgreiche Online-Reputation aufbauen.

Schauen wir uns nun diese vielfältigen Vorteile und Nutzanwendungen von Twitter für Ihren Geschäftsalltag genau an. Was kann Twitter Ihnen tatsächlich bieten?

3.1 Fix zum Wissen = Frag Dein Netzwerk!

In keinem anderen Medium haben Sie die Möglichkeit, so schnell, umfangreich und genau Antworten auf die täglichen Fragen Ihres Lebens oder Ihres Geschäftsalltages zu bekommen. Nach einer von den Autoren über Twitter und ihre Homepage durchgeführten Umfrage von 9 möglichen Twitter-Nutzen, an der sich 349 Twitter-User beteiligten, ist die Schnelligkeit von Informationen mit 17 Prozent für die Befragten der wichtigste Vorteil. Die kompletten Ergebnisse der Umfrage finden Sie im Kapitel 3.9 *Sag mir Deine Meinung – Umfragen mit Twitter*. Tatsächlich ist Twitter nicht nur eine Informationsdusche, sondern ein fortlaufender Informationsstrom, den ich über meine Timeline direkt auf meinen PC oder mein Smartphone abrufen kann.

Durch die vielfältige Vernetzung mit anderen Twitter-Usern entsteht mit wachsendem Aufbau Ihres Profils ein immer dichteres Wissensnetz, das Sie für Ihre persönliche Arbeit und Ihr Leben nutzen können.

Doch wie kommen Sie an dieses wertvolle Wissen heran? Dazu gibt es über Twitter und die vielfältigen Zusatzapplikationen mehrere Wege. Der denkbar einfachste ist, über die allgemeine oder die erweiterte Suche den Begriff oder die Begriffskombination einzugeben, die Sie gerade interessiert. Twitter listet Ihnen dann in kürzester Zeit die Tweets auf, in denen sich Menschen genau über das gesuchte Thema unterhalten. Sie können dann in die jeweilige Timeline der beteiligten Twitter-User gehen und prüfen, ob sich dort nicht interessante Empfehlungen oder Links finden lassen. In den meisten Fällen wird das so sein.

Ein zweiter sehr effektiver Weg, um über Twitter an neues, qualifiziertes Wissen zu kommen, ist, Ihr Netzwerk direkt zu befragen. Dieser Weg wird natürlich im Laufe der Zeit umso effektiver und erfolgreicher, je größer Ihr

Netzwerk ist und je mehr Sie auch mit entsprechenden Experten in Ihrem Fachgebiet verbunden sind. Über kurz oder lang werden Sie sich dann auch Ihre persönlichen Favoriten in Twitter anlegen. Dort finden Sie dann Ihre Lieblings-Twitter-User, von denen Sie wissen, dass sie Ihnen immer wertvolle Tipps und Informationen liefern, oder die sich eventuell im Realleben bereits durch Bücher, Seminare oder ihren Blog einen Expertenstatus aufgebaut haben. Auch auf Twitter werden Ihnen diese Menschen schnelle und hilfreiche Informationen liefern.

Da wir das besonders wichtige Thema „Suchen und Finden" in Kapitel 6 noch intensiv beleuchten werden, gehen wir an dieser Stelle noch nicht genauer auf die einzelnen Suchschritte ein.

Generell lässt sich sagen, dass es auf Twitter nichts gibt, was es nicht gibt. Twitter ist so bunt und vielfältig wie das Leben selbst. Das macht Twitter so spannend und gleichzeitig so komplex.

Wie René Strauß, der Moderator der Poken-Gruppe auf Xing, es so schön sagt: „Twitter ist wie Abseits. Man kann es nicht erklären, aber wenn man drin steht, spürt man sofort, wie es sich anfühlt."

3.2 Trends: In & Out

Weil mittlerweile über 45 Millionen Internetnutzer weltweit Twitter nutzen, haben Sie durch Twitter immer einen aktuellen Überblick über das, was die Welt gerade spricht und was die Menschen bewegt. Wir glauben, dass wir im Moment dabei sind, den Anfang eines neuen Phänomens mitzuerleben, das Echtzeit-Internet. Nirgendwo sonst hat man die Möglichkeit, live, also in Echtzeit und unmittelbar, mitzubekommen, worüber sich viele Millionen Menschen im Internet und auf der ganzen Welt gerade unterhalten. Ist es nur eine kurzzeitige Schlagzeile oder wirklich ein Thema, das die Menschen über Tage, Wochen oder sogar Monate hinweg beschäftigt? Sogar so sehr beschäftigt, dass sie sich intensiv über lange Zeit darüber unterhalten?

Aus diesem Wissen lassen sich natürlich Schlüsse für die Kommunikation mit meinen Kunden ziehen. Zum Beispiel kann ich diese Trends, sofern sie thematisch zu mir und meinen Dienstleistungen passen, in einem aktuellen Blogbeitrag und in einer aktuellen E-Mail-Betreffzeile verwenden. Eine erhöhte Aufmerksamkeit ist mir damit absolut sicher.

Wie Sie in der folgenden Abbildung sehen, ist die Twitter-Rubrik Trending Topics mit den aktuellen Tags, also Schlagworten, besetzt. Sie finden sie in der rechten senkrechten Spalte in der Hauptansicht auf Twitter. Dort sehen Sie die Begriffe oder #Hashtags, über die gerade auf Twitter geschrieben wird. Mit einem Klick auf einen Begriff Ihrer Wahl steigen Sie in die Kommunikation zu diesem Begriff ein und sehen, was zurzeit dazu geschrieben wird. Sie erhalten viele wertvolle Links und können sich so umfangreich und aktuell zu dem entsprechenden Thema informieren.

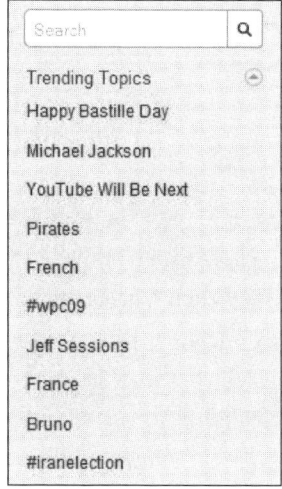

Abbildung 3:
Trending Topics

Die aktuelle Abbildung stammt vom 14. Juni 2009. Obwohl Michael Jackson zu diesem Zeitpunkt bereits seit 18 Tagen tot war, bestimmte sein Tod die Kommunikation unter den Menschen auf Twitter immer noch wesentlich. Die Trending Topics sind damit ein schöner Seismograph, um abzulesen, wie wichtig und bewegend die Themen sind, über die sich die Menschen im Internet und auf Twitter unterhalten. Zum Zeitpunkt des Todes von Michael Jackson waren übrigens von den zehn möglichen Trending Topics acht mit Michael Jackson in Verbindung zu bringen. Die neunte bezog sich auf die am gleichen Tag gestorbene US-Schauspielerin Farrah Fawcett, deren Tod jedoch sehr schnell in dem medialen Overkill zu Michael Jackson unterging. Der zehnte Trending Topic ist auch heute noch zu sehen und bezieht sich auf die #iranelection, also die Parlamentswahlen im Iran, die zum Entstehungszeitpunkt dieses Textes auch schon wieder einige Wochen zurückliegen.

Sie sehen an diesem Beispiel sehr schön, dass es sich hier also nicht nur um flüchtige Themen und Trends handelt, sondern wirklich um einen elementaren Schwerpunkt in der täglichen Kommunikation der Menschen. Auch das ist ein Teil des Twitter-Faktors! Mit Twitter wissen Sie immer, was auf der Welt aktuell los ist und worüber die Massen sprechen.

3.3 Expertensuche

Wir haben ja bereits darauf hingewiesen, dass Sie jeden Experten und Fachmann oder die jeweils führenden Köpfe einer Branche auf Twitter finden können. Auch wenn Twitter in Deutschland noch nicht so verbreitet ist wie in den USA oder den englischsprachigen Ländern dieser Welt, so wird es doch in Kürze völlig selbstverständlich sein, dass auch deutschsprachige Experten jeglicher Art auf Twitter zu entdecken sind.

Sollten Sie auf Twitter noch nicht vertreten sein, so haben Sie definitiv einen Wettbewerbsnachteil gegenüber Ihren Kollegen. Allein deshalb macht es heute Sinn, sich intensiv mit der Nutzung von Twitter zu beschäftigen und sich sowohl Web 2.0- als auch Twitter-Kompetenz zu erarbeiten.

Welchen Nutzen bringt es mir, wenn ich „meinem" Experten auf Twitter folge?
Unmittelbarkeit! Ich bin unmittelbar daran beteiligt, was diese Person gerade denkt, an welchem Projekt sie aktuell arbeitet, was sie persönlich beschäftigt oder neu für sich entdeckt hat. Ich kann ihr eventuell kurze Fragen über Twitter stellen und bekomme unter Umständen sogar unmittelbar Antwort oder einen hilfreichen Tipp. Handelt es sich beispielsweise um einen Buchautor, der mir empfohlen wurde, dann bietet mir Twitter die Möglichkeit, ihn erst ein wenig kennenzulernen, bevor ich mir eines seiner Bücher kaufe.

Des Weiteren finden Sie auf Twitter genau den richtigen Fachmann für Ihr brennendstes Problem, ob es der passende Webdesigner ist, ein Wellness-Coach oder ein Texter für Ihre Werbetexte. Wie das genau funktioniert, wird in Kapitel 6 noch detaillierter erklärt.

3.4 Neukunden ohne Grenzen – Netzwerk ist alles!

So wie ich meinen Experten und Fachmann über Twitter finde, findet natürlich umgekehrt auch der Experte, Webdesigner oder Coach über Twitter seine neuen Kunden. Denn Twitter ist niemals eine Einbahnstraße, sondern immer ein Zwei-Weg-Kommunikationskanal. Durch die exakten Such-Möglichkeiten auf Twitter und die erweiterten Applikationen um Twitter kann ich hochqualifizierte Interessenten meiner Zielgruppe, bis auf einen Kilometer um meinen Standort genau, ausfindig machen. Seien Sie also gespannt, mit welchen detaillierten Such-Optionen Sie nach potenziellen Kunden und Interessenten über Twitter suchen können.

Wer heute beruflich Erfolg haben will, weiß, wie wichtig soziale Netzwerke, also das sprichwörtliche „Vitamin-B", sind. Meistens suchen wir aber gerade dann nach Kontakten und Empfehlungen, wenn wir sie am dringendsten benötigen. Da zeigt es sich dann, wie gut und effektiv unser persönliches Netzwerk ist und ob wir dieses in den letzten Jahren aktiv und bewusst aufgebaut und gepflegt haben.

Doch wir nutzen unsere Netzwerke ja nicht nur im beruflichen Alltag. Auch im Privatleben fragen wir unser soziales Netzwerk, also unseren Freundes- und Bekanntenkreis, nach guten „Connections". Wir fragen zum Beispiel nach dem besten Kinderarzt in der Stadt, dem besten Steuerberater oder wo das beste griechische Restaurant in meinem Stadtteil zu finden ist. Und mit sehr hoher Wahrscheinlichkeit befolgen wir diese Empfehlung dann auch. Nun leben wir im Jahre 2009, und die rasante technische Entwicklung des Internets in den letzten zehn Jahren gibt uns unbegrenzte Möglichkeiten, unser berufliches und privates Netzwerk so groß und effektiv wie möglich aufzubauen und zu nutzen.

Zu Beginn des Jahres 2007 kamen wir erstmals mit Geschäftsleuten in Kontakt, die erzählten, dass 50 bis 60 Prozent ihrer Kunden aus sozialen Netzwerken, vorrangig aus Xing, stammten.

Zu diesem Zeitpunkt war das für uns noch schwer vorstellbar, denn wir bearbeiteten unseren Markt noch immer mit den klassischen, jedoch sehr stumpf gewordenen und wenig effektiven Vertriebs- und Akquise-Methoden.

Doch heute können wir diese Zahlen bestätigen. Nur durch unsere Aktivitäten auf Xing und Twitter erhalten wir wöchentlich viele interessante Anfragen. Ob es Kunden sind, die unser Know-how im Twitter-Coaching in Anspruch nehmen wollen, Interviewanfragen für Fachzeitschriften, Vertriebs-Kooperations-Anfragen oder auch Sprecheranfragen für Konferenzen: Alles geschieht fast wie von selbst.

Ehrlich gesagt kommen wir überhaupt nicht mehr dazu, die klassische Kalt-Akquise zu betreiben, wie sie viele Jahrzehnte im Verkauf durchgeführt wurde. Natürlich geschieht auch in sozialen Netzwerken nichts automatisch. Um es auf den Punkt zu bringen, haben wir in den letzten Monaten und Jahren viele Stunden in den Aufbau und die Pflege unserer sozialen Netzwerke investiert. Doch heute profitieren wir davon und möchten auch Ihnen aufzeigen, wie auch Sie in Kürze diese effizienten Möglichkeiten nutzen können. Twitter spielt bei Netzwerk-Aufbau und -Pflege inzwischen eine zentrale Rolle.

Denn Twitter ist ein optimales Tool, um haargenau die Menschen zu identifizieren und zu finden, die ich in meinem Netzwerk haben möchte. Durch die Zielgruppen- und kilometergenaue Ortssuche finde ich optimale Kunden und Netzwerkpartner für mich. Vielleicht benötigen Sie die Dienste Ihres Netzwerkpartners heute noch nicht. Aber wenn Sie sie zukünftig in Anspruch nehmen müssen, haben Sie bereits eine tragfähige und funktionierende Beziehung, sogar schon ein Vertrauensverhältnis zu ihm aufgebaut. Das kann ein Kunde, Geschäftspartner, Dienstleister oder Experte sein. Wir können heute noch gar nicht beurteilen, wofür wir einen Kontakt einmal benötigen könnten, der dann wahres Gold wert sein kann. Eines wissen wir jedoch genau: Kontakte schaden nur dem, der sie nicht hat. Kontakte und ein effektives Netzwerk sparen Zeit und oft auch viel Geld.

Über Twitter haben Sie nun optimale Möglichkeiten, sich ein effektives und funktionierendes Netzwerk aufzubauen: regional in Ihrer Stadt, national in Ihrem Land oder sogar global, was in manchen Märkten heute einfach dazugehört, um erfolgreich Geschäfte zu machen.

Sie können über Twitter mit interessanten Menschen direkt und unkompliziert Kontakt aufnehmen und deren Tweets, also ihre Nachrichten, abonnieren.

So können Sie sich optimal über ihre Arbeit informieren und sehen, was sie denken und an welchen Projekten sie aktuell arbeiten. So lernen Sie Ihre Netzwerkpartner schon digital kennen. Gleichzeitig bleiben Sie auch mit bestehenden Kontakten über Twitter immer eng verbunden. Sie bleiben schlicht auf dem Laufenden.

Darüber hinaus eignet sich Twitter auch ausgezeichnet als Bindeglied zu anderen Social Networks wie Xing, FriendFeed, Wer kennt Wen oder Facebook, um nur einige zu nennen. Bei vielen dieser Plattformen werden bereits die Tweets automatisch mit eingebunden und angezeigt. So sieht jeder meiner Netzwerkpartner, was ich gerade tue oder was mich aktuell beschäftigt.

3.5 Marken- und Unternehmens-Monitoring

Wenn Sie sich ins Web 2.0 hineinbegeben und dort mit Ihren Aktivitäten beginnen, ist es besonders wichtig, dass Sie auch die Resultate Ihrer SocialMedia-Aktivitäten immer im Auge behalten. Diese Möglichkeit bietet Ihnen Twitter.

Nach aktuellen Nutzerzahlen im Juni 2009 verwenden weltweit 734 Millionen Menschen soziale Netzwerke, das entspricht 65 Prozent der aktuell 1,1 Milliarden Internetnutzer weltweit.

Diese heute schon nicht geringe Zahl an Web 2.0- und Internetnutzern wird sich in wenigen Jahren noch dramatisch erhören. Doch schon heute ist dies ein gewaltiger vernetzter Markt.

Und auch wenn Sie kein global agierender Weltkonzern sind, sondern vielleicht ein Ein-Mann-Unternehmen oder ein Klein- und Mittelstands-Unternehmen, sollte es Ihnen schon heute nicht mehr egal sein, was über Sie im Internet und auf Twitter erzählt wird. Durch die aktuellen Nutzungsarten des Web 2.0 mit seiner Vernetzung und der Möglichkeit, dass es jeder kostenlos nutzen kann, verschiebt sich die Macht endgültig Richtung Kunde. Und er weiß sie zu nutzen!

Jeder kann heute in den vielfältigen Bewertungsportalen im Internet seine Meinung über eine Dienstleistung, ein Hotel oder eine Reise, eine Marke, ein Unternehmen und ein Produkt äußern.

Und davon wird auch bereits fleißig Gebrauch gemacht. Es gibt Internetseiten, auf denen die Schüler ihre Lehrer bewerten, die Patienten ihre Ärzte oder ihre Krankenhäuser, in denen sie sich haben behandeln lassen. Oder es werden Unternehmen oder die Chefs bewertet.

Was wir beobachten, ist, dass die ganze Entwicklung ins Mitmach-Internet im Web 2.0 zu mehr Transparenz geführt hat. Ungerechtigkeiten, Lügen und Unwahrheiten fliegen sofort auf und werden x-fach von der Internetgemeinde bewertet, kommentiert und weitergeleitet. Und was dort einmal über Sie, Ihr Unternehmen und Ihre Produkte geschrieben steht, ist unsterblich.

Somit ist die Notwendigkeit zum Marken- und Unternehmens-Monitoring, also zu überprüfen, was von wem mit welcher Relevanz über Sie im Netz gesagt wird, absolut notwendig. Da sich Twitter in einer wahnsinnigen Geschwindigkeit zu einem der Haupt-Kommunikationskanäle im Web 2.0 entwickelt hat und neben der Blogosphäre immer mehr an Relevanz entwickelt, sollten Sie die Möglichkeiten nutzen, die Ihnen Twitter dazu bietet. Mit welchen Tools Sie das genau machen können, zeigen wir Ihnen in den Kapiteln 9 und 10 auf. Schauen wir uns nun gemeinsam an, warum Twitter wichtig für Ihr Personal Branding ist.

3.6 Me 2.0 – Sie sind die Marke!

Im Internet wie auch bei Twitter geht es darum, aus Ihnen und Ihrer Person eine unverwechselbare Marke zu machen.

Was in der reinen Offlinewelt nur über viele Jahre und mit einem enormen Aufwand möglich war und ist, funktioniert im Web 2.0 und auf Twitter viel einfacher und viel schneller.

Wenn Sie sich für Ihr Unternehmen und Ihre Produkte im Rahmen einer Marketing-Positionierungs-Strategie diese Gedanken nicht ohnehin schon gemacht haben, ist jetzt die optimale Gelegenheit dafür.

Eines Ihrer vorrangigen Ziele auf Twitter und in den anderen Social-Media-Netzwerken sollte es sein, sich als Experte und Spezialist in Ihrem Fachbereich zu positionieren und damit zu beginnen, eine digitale Marke für sich zu schaffen. Twitter ist für Sie vor allem kostenlose Online-PR!

Denn durch jeden Tweet, den Sie schreiben, erscheint Ihr Bild oder Logo, Ihr Username und/oder Ihr Unternehmensname in der Timeline Ihrer Follower, also der Menschen, die Ihre Tweets abonniert haben, indem Sie Ihnen folgen.

Wenn Sie täglich durchschnittlich nur 5 bis 10 Nachrichten posten, dann schaffen Sie damit 35 bis 50 zusätzliche digitale Kundenkontakte zu Ihren Followern. Niemals zuvor hatten Sie die Möglichkeit, einer derart großen Menge Interessenten Details über Ihr Unternehmen und über sich als Persönlichkeit zu vermitteln.

Gleichzeitig können Sie sich auch mit den Menschen unterhalten, die an Ihnen und Ihrer Person interessiert sind. Und das alles natürlich in Echtzeit. Das ist auch einer der Hauptgründe, warum Twitter in Amerika von so vielen Prominenten und Menschen, die in der Öffentlichkeit stehen, genutzt wird. Sie haben so unmittelbaren Zugang zu Ihrem Markt, zu Ihren Fans oder zu Ihren Wählern und können unmittelbar mit ihnen kommunizieren, also ganz direkt von Mensch zu Mensch.

Und aus solchen losen Unterhaltungen können Beziehungen entstehen, und Beziehungen werden womöglich zu zahlenden Kunden oder sogar zu regelrechten Fans.

Sie können also durch Twitter bewusst Ihre Online-Reputation steuern und beobachten und somit Ihr Online-Image und Ihre digitale Identität im Social-Media-Bereich zielgerichtet aufbauen. Wir gehen sogar so weit zu sagen, dass Sie keine Alternative dazu haben, wenn Sie sich im Web 2.0 bewegen und dort wahrgenommen werden wollen.

Schauen wir uns nun an, was Viralmarketing mit Twitter bedeutet und wie es Ihnen passieren kann, über Nacht durch Twitter weltberühmt zu werden!

3.7 Viral-Twitter oder der Susan-Boyle-Effekt

Twitter eignet sich nicht nur hervorragend dafür, in kürzester Zeit neues Wissen zu bekommen, interessante neue Kontakte für sein persönliches Netzwerk zu finden oder auch einen neuen Webdesigner für die eigene Homepage oder einen fachlich qualifizieren Blogmanager für seinen Business-Blog.

Twitter bietet noch viel mehr. Wer auf Twitter einige Wochen oder Monate zubringt, wird sehr schnell die Macht von Twitter spüren und erleben. Wenn wir hier über Macht reden, meinen wir die Macht des gesprochenen oder „getwitterten" Wortes. Und damit wären wir bei dem sehr spannenden Thema Viralmarketing oder auch Word-of-Mouth-Marketing.

Was hinter diesen beiden Begriffen steht, ist ja nicht wirklich neu. Schon bevor es das Internet und das heutige Web 2.0 sowie die sozialen Netzwerke in der heutigen Form gab, haben wir diese Prinzipien angewendet.

Letztlich geht es hier um Empfehlungs-Marketing, wobei der Schwerpunkt darauf liegt, dass der Konsument – also der Gast, Zuschauer, Leser, Hörer, Kunde, Benutzer etc. – von sich aus eine Empfehlung ausspricht. Also ganz ohne dass der jeweilige Produzent des Produktes oder der Hersteller und Erbringer der Dienstleistung explizit darum bittet oder monetär dazu motiviert.

Was motiviert Menschen dazu, Empfehlungen auszusprechen? Wir tun dies immer dann, wenn wir begeistert von etwas sind! Wenn uns zum Beispiel in einem neuen tollen Restaurant ein besonderer Service begegnet, den wir so noch nicht kannten oder erwartet hatten. Oder wenn wir etwas erleben, was uns emotional stark berührt. Wenn es uns begeistert oder sogar motiviert. Denn auch das ist schließlich ein Mehrwert.

Oder wir entdecken eine geniale neue Idee, eine Dienstleistung oder ein Produkt, das unser Leben wirklich bereichert oder schlicht einfacher oder glücklicher macht. Diese neue Sache empfehlen wir dann voller Begeisterung, weil wir unsere Erlebnisse mit anderen teilen möchten.

Ja, das empfehlen wir dann voller Begeisterung. Und zwar nicht nur ein Mal, sondern oft viele Male, bis wir es vielleicht selbst nicht mehr hören können. Kommt Ihnen das bekannt vor?

Umgekehrt funktioniert das natürlich auch. Wir geben unseren Frust über ein Produkt oder ein Unternehmen ebenfalls an unsere Freunde und Geschäftspartner weiter – oft leider sogar noch deutlich häufiger als positive Erfahrungen.

In den letzten zehn Jahren hat sich das Entwicklungstempo im Internet immer weiter beschleunigt. Heute können wir eine Empfehlung, unsere Begeisterung, innerhalb von Sekunden mit der ganzen Welt teilen! Darin liegt die wahre Macht der Social-Media-Netzwerke und von Twitter.

Der Susan-Boyle-Effekt

Und was hat das jetzt mit dem Susan-Boyle-Effekt zu tun? Dabei geht es um exakt diese Phänomen. Hier kommt ihre Geschichte:

Susan Boyle ist bis zu einem Tag im April 2009 eine eher unscheinbare 47-jährige Frau aus England. Doch sie hat einen Traum: Sie möchte eine professionelle Sängerin werden. Und an diesem Tag im April 2009 geht ihr Traum in Erfüllung.

Sie bekommt die Chance, bei der englischen Casting-Show Britains got Talent aufzutreten. Niemand, weder die Zuschauer noch die Jury, traut ihr zu, einen anspruchsvollen Musicalsong singen zu können. Doch dann geschieht das Wunder! Sie singt mit einer engelsgleichen Stimme und begeistert zuerst die Zuschauer im Studio sowie die Jury und schon kurz darauf Menschen weltweit.

Denn das Video ihres Auftritts wurde direkt nach der Sendung bei YouTube eingestellt und war so weltweit abrufbar. Unter anderem sah auch Demi Moore, eine der passioniertesten Twitter-Userinnen, dieses Video. Damals hatte sie schon über 900.000 Follower und ihr Mann Ashton Kutcher führte mit 1.713.424 Followern auch noch die globale Twitter-Rangliste an. Diese beiden Super-Promis und Twitterholics sahen also dieses Video mit dem Auftritt von Susan Boyle und waren zu Tränen gerührt, sprachlos und begeistert.

Und jetzt kommt der Susan-Boyle-Effekt:

Denn was taten die beiden? Sie twitterten das Video beide weiter und teilten ihre Begeisterung mit der ganzen Welt! Durch ihre große Followerschaft – zusammen folgten ihnen bereits damals über 1.6 Millionen Menschen – verbreitete sich das YouTube-Video mit Susan Boyles Auftritt wie ein digitales Lauffeuer um den Globus und erreichte so viele Millionen Menschen.

Und besonders spannend daran ist, dass dies alles passierte, noch bevor die klassischen Medien, wie Radio, Fernsehen und Print, darüber berichten konnten. Denn Twitter und Social Media sind einfach unschlagbar schnell.

Wir sind fest davon überzeugt, dass wir diesen Susan-Boyle-Effekt mit weiteren positiven Ereignissen, Menschen, Ideen und eventuell auch Produkten erleben werden, die von den Menschen, den Netzbewohnern, aus Begeisterung weitergetragen werden.

Das ist die Macht von Viralmarketing, das ist die Macht von Twitter und So-cial-Media-Marketing. Entfachen Sie ein digitales Lauffeuer mit Ihrer Idee, die die Welt verändern wird!

3.8 Event-Promotion

Twitter eignet sich sehr gut, um Events zu promoten und zu begleiten. So kann ich bereits in der strategischen Planung eines Events einen speziellen Twitter-Account anlegen. Während des Events kann ich einerseits direkt darüber twittern (Vorträge, Referenten, Pressekonferenzen) und gleichzeitig natürlich auch direkt mit den Besuchern und Teilnehmern über das Event kommunizieren.

Außerdem kann ich aktuelle Informationen wie zum Beispiel die Agenda für die Teilnehmer bereitstellen. In der Nachbereitung des Events lassen sich dann über Twitter URLs und Materialien der Referenten verbreiten.

3.9 Sag mir Deine Meinung! – Umfragen mit Twitter

Im Marketing ist es immer wichtig, über relevante Informationen aus seinem Markt und über seine Kunden zu verfügen. Dies trifft noch mehr auf den Bereich des Online-Marketings zu, da im Internet die Zeit noch schneller läuft. Was gestern absolut top war, kann in einem Jahr schon völlig out sein. Umso wichtiger ist es, dass Sie unmittelbares Feedback von Ihren Kunden bekommen, damit Sie immer am Puls der Zeit sind und Produkte und Dienstleistungen bieten, die der Markt braucht und nutzen kann. Diese Umfragen können per E-Mail durchgeführt werden oder natürlich onlinebasiert sein. Mit Twitter haben Sie darüber hinaus ein zusätzliches Tool, um ganz schnell Feedbacks aus Ihrem Follower-Netzwerk zu erhalten.

Wenn Sie *twtpoll.com* nutzen, haben Sie die Möglichkeit, Ihre Follower in kürzester Zeit über ein bestimmtes Thema abstimmen zu lassen. Wir haben dieses Tool auch schon während eines Live-Webinars eingesetzt und konnten so sehr wertvolles Wissen für unsere weitere Vorgehensweise in der

Produktentwicklung verwenden. In der Abbildung 4 sehen Sie eine Umfrage, die wir zum Thema „Twitter-Nutzen" sowohl über Twitter als auch über unsere Homepage durchgeführt haben.

Die Umfragen sind im Handumdrehen erstellt. Sie geben lediglich Ihren Twitter-User-Namen an, wählen aus, ob die Umfrage aus einer oder mehreren Fragen bestehen soll, und definieren dann Ihre Fragen und Antworten. Zum Schluss legen Sie noch die Laufzeit der Umfrage fest und ob eine Mehrfachabstimmung mit der gleichen IP-Adresse möglich sein soll. Dann drücken Sie auf „Kreieren der Umfrage", und schon können Sie den Link zu der Umfrage twittern oder sie in Ihre Homepage einbinden.

Das Tool ist sehr effektiv und ausgesprochen einfach zu handeln. Sie erhalten so immer genau die Informationen, die Sie für weitreichende Produktentscheidungen benötigen. Erfahrungsgemäß zeigen bereits die ersten 20 bis 30 Teilnehmer einer Umfrage eine Grundtendenz des zu erwartenden Ergebnisses. Somit haben Sie bereits nach kürzester Zeit, also innerhalb von ein bis zwei Stunden, verlässliche Informationen aus Ihrem Markt zu der Frage, wie Sie weiter vorgehen sollten. Je größer und qualitativ relevanter Ihr Follower-Netzwerk dabei ist, desto effektiver.

3.10 Kundendienst-Tool

Twitter ist auch ein optimales Kundendienst-Tool. Es bietet Ihnen die Möglichkeit, in Echtzeit mit Ihren Kunden zu kommunizieren. Wo eine E-Mail zu lange dauern würde und die Telefon-Hotline des Unternehmens an ihre Grenzen stößt, ist ein Twitter-Account ein hervorragender Service-Zusatz für Ihr Unternehmen. Das beste Beispiel, wie man Twitter als Kundendienst-Tool nutzt und einsetzt, liefert uns ein in Deutschland noch recht unbekanntes Unternehmen, das gerade für rund eine Milliarde Dollar vom

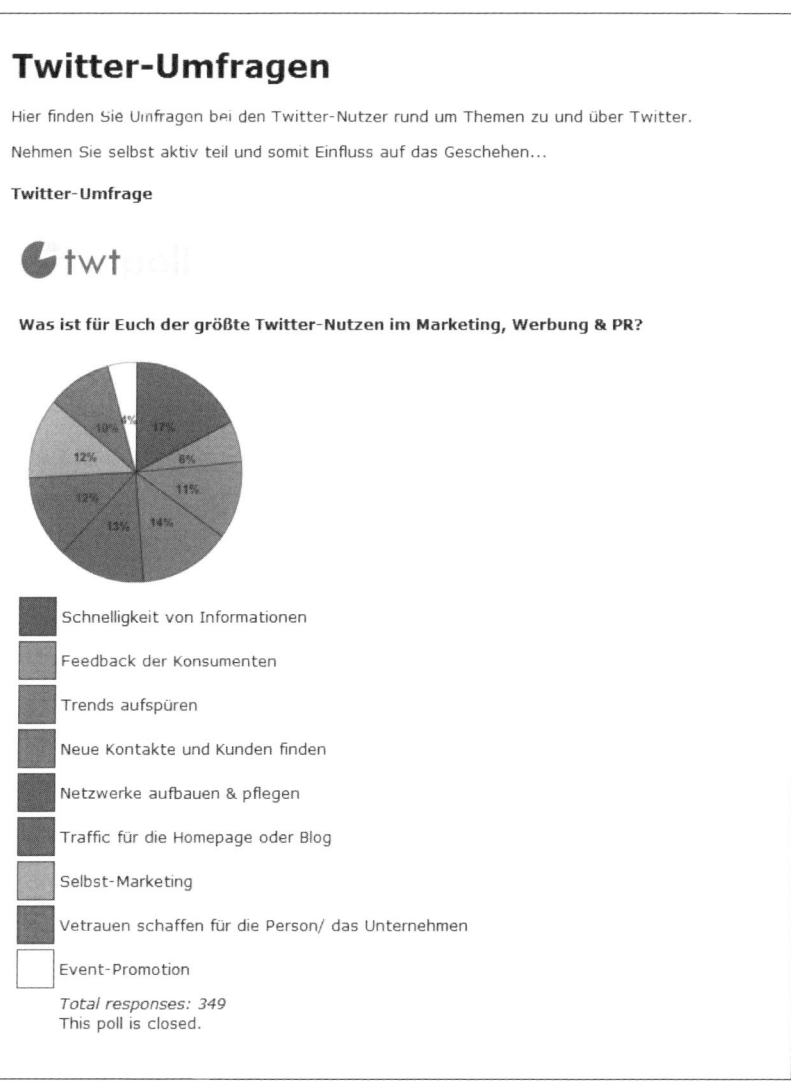

Twitter-Umfragen

Hier finden Sie Umfragen bei den Twitter-Nutzer rund um Themen zu und über Twitter.

Nehmen Sie selbst aktiv teil und somit Einfluss auf das Geschehen...

Twitter-Umfrage

Was ist für Euch der größte Twitter-Nutzen im Marketing, Werbung & PR?

- Schnelligkeit von Informationen
- Feedback der Konsumenten
- Trends aufspüren
- Neue Kontakte und Kunden finden
- Netzwerke aufbauen & pflegen
- Traffic für die Homepage oder Blog
- Selbst-Marketing
- Vetrauen schaffen für die Person/ das Unternehmen
- Event-Promotion

Total responses: 349
This poll is closed.

Abbildung 4: Beispiel für eine einfache Twitter-Umfrage

Vorteile und Nutzen von Twitter im Marketing | 59

weltgrößten Internethändler, Amazon, aufgekauft wurde. Das Unternehmen *zappos.com* verkauft Schuhe über das Internet und hat dabei eine eindrucksvolle Unternehmensgeschichte vorzuweisen.

Wenn zum Beispiel eine begeisterte Kundin twittert, dass sie sich soeben bei Zappos ein Paar neue Schuhe zum Geburtstag bestellt hat, dann ist die Wahrscheinlichkeit sehr hoch, dass ihr kurze Zeit später ein ihr völlig fremder und dennoch freundlicher Service-Mitarbeiter antwortet und fragt: „Wenn Sie mögen, schicken Sie mir eine Nachricht mit Ihrer Ordernummer. Dann schaue ich, was ich in Sachen schneller Versand tun kann." Und prompt werden ihre bestellten Schuhe dann auch am nächsten Tag geliefert. Ohne Aufpreis natürlich – es ist schließlich ihr Geburtstag.

Zu behaupten, Twitter habe Zappos groß gemacht, wäre übertrieben – Twitter hat Zappos aber zum Kult gemacht. Kein anderes Unternehmen weltweit nutzt den Kurznachrichtendienst derart intensiv zum Kundenservice und zur Außendarstellung. Kein Unternehmen im Internet ist so besessen vom Kundendienst wie Zappos!

Das Unternehmen aus Las Vegas gilt in den USA als Fallstudie für Marketing mit den Instrumenten des Web 2.0. Fast 200 Mitarbeiter der Firma sind auf Twitter zu finden. Irgendeiner davon prüft ständig, ob irgendwo auf der Welt jemand das Wort „Zappos" twittert – und reagiert sofort. „Zappos Service" bedankt sich für Lob und hilft und beruhigt bei Problemen. Die Marke Zappos steht für die bestmögliche Servicefreundlichkeit. Da macht es doch wirklich Spaß, einzukaufen und sein Geld auszugeben. Wirklich ein tolles Beispiel, wie wir uns mit dem Web 2.0 bestmöglich in den Dienst am Kunden stellen können. Übrigens hat der Twitter-Account von Zappos' Chief Executive Officer (CEO), Tony Hsieh, im Juni 2009 atemberaubende 1.028.0793 Follower vorzuweisen.

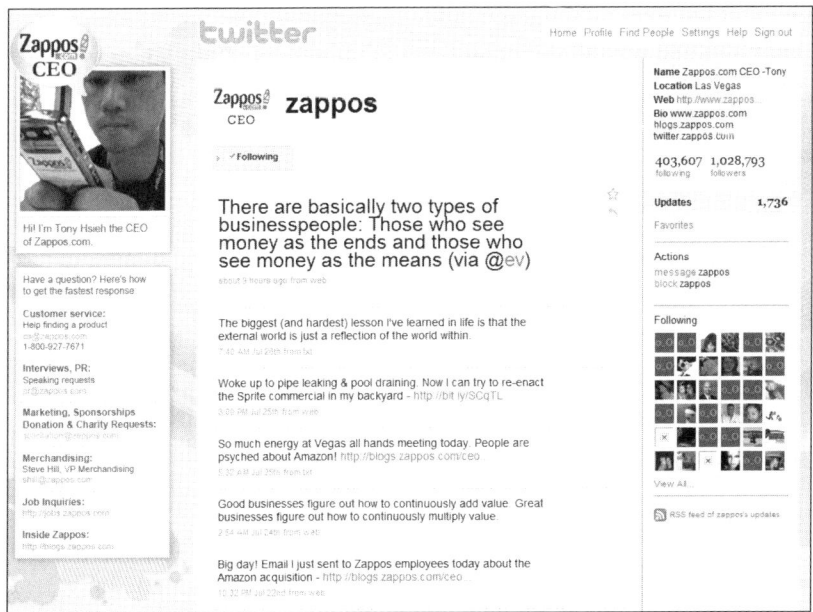

Abbildung 5: Twitter-Account von Zappos CEO Tony Hsieh

3.11 Kostenloser Traffic für die eigene Homepage und den eigenen Blog

Wenn Sie eine qualifizierte Gefolgschaft auf Twitter aufgebaut haben, bekommen Sie auch zwangsläufig mehr Traffic auf Ihren Blog und Ihre Homepage. Bedingt dadurch, dass Sie sich auf Twitter nur mit 140 Zeichen mitteilen können und auch die Bio in Ihrem Twitter-Profil nur 160 Zeichen für Ihre Kurzbeschreibung zulässt, werden die Menschen neugierig sein, wer ihnen denn folgt. Um ihre Neugierde zu befriedigen, werden sie dann, sofern Sie eine weiterführende URL in Ihrem Twitter-Profil angegeben haben, auf diese klicken.

So gelangen Interessenten auf Ihren Blog oder Ihre Firmen-Homepage und erfahren mehr über Sie als Unternehmer, über Ihr Unternehmen und über Ihre Produkte und Dienste. Wenn Sie nun noch über eine gut gemachte Homepage und einen interessanten Newsletter verfügen, gewinnen Sie so zusätzliche Leser für Ihre E-Mail-Marketing-Liste.

All das lässt sich natürlich auch wunderbar miteinander vernetzen, so dass optimale Synergie-Effekte entstehen. Zum einen können Sie Ihre Blogeinträge auch twittern. Und zum anderen können Sie über spezielle Widgets auf Ihrem Blog und Ihrer Homepage anzeigen lassen, was Sie gerade twittern. So haben Sie beide Welten optimal miteinander vernetzt, und jeder weiß auf Anhieb, was zurzeit bei Ihnen los ist.

3.12 Gruppen-Kommunikation

Twitter bietet Ihnen sogar die Möglichkeit, über sogenannte geschlossene oder protected Accounts zu twittern. Im Projektmanagement, zum Beispiel bei einfachen Projekten, können die Projektteilnehmer einzelnen Akteuren jeweils unkompliziert ihren Stand via Twitter mitteilen. Alle wissen dann etwa über SMS oder ihr jeweiliges Medium über den aktuellen Status Bescheid. Und das bringt eine schnellere Informationsverteilung, zum Beispiel an Veranstaltungsteams, Promoter, mit sich.

Diese Möglichkeit kann ich auch nutzen, um mit einer Vertriebsgruppe oder auf einer besonderen Managementebene zu kommunizieren. Natürlich steht diese Funktion auch für eventuelle Premium- und/oder VIP-Kunden zur Verfügung.

4.
Twittern! Just do it!

In den ersten drei Kapiteln haben wir beschrieben, was Twitter grundsätzlich ist, was es bedeutet und wie die aktuellen Fakten zu Twitter und der Welt darum ausschauen.

Sie wissen nun, welche vielfältigen Vorteile und Nutzen Sie aus Twitter ziehen können. Doch nun wollen wir uns endlich der Praxis zuwenden.

Der Twitter-Faktor wurde von zwei Twitter-Praktikern geschrieben, die bis zur Drucklegung dieses Buches viele hundert Stunden mit und auf Twitter und den unzähligen Zusatz-Applikationen verbracht haben.

Wir möchten Sie als Leser dazu motivieren, das hier erworbene Wissen sofort in die Praxis umzusetzen und in Ihren Unternehmensalltag zu integrieren. Also aus der Praxis für die Praxis! Schauen wir uns an, mit welchen Schritten Sie beginnen sollten.

4.1 Ziele setzen – auch beim Twittern?

Sie fragen sich vielleicht, was haben Ziele und Twitter miteinander zu tun? Wie schon an anderer Stelle erwähnt, soll Twittern Spaß machen, doch wir twittern nicht zum Spaß! Wenn Sie den Twitter-Faktor voll und ganz nutzen wollen, sollten Sie sich zu Beginn Ihrer Twitter-Karriere Gedanken machen, warum Sie twittern wollen. Nur weil in den Medien fast jeden Tag darüber berichtet wird? Oder Ihr Freund oder Ihre Freundin twittert? Oder weil Ihr Arbeitskollege es tut?

Wie bei allen Dingen, die wir im Beruf tun, ist es wichtig, dass wir uns Ziele setzen. Für die meisten Menschen ist dies ein Konzept, das sie aber nicht in die Praxis umsetzen. Viele haben auch noch nie davon gehört. Fragt man sie nach ihren Zielen, so kommen meistens so allgemeine Dinge wie

Gesundheit, ein schönes Auto oder ein neuer Job. Das hat nichts mit Zielen zu tun. Ziele sind glasklar, eindeutig, schriftlich definiert und mit einem Zielerreichungs-Zeitpunkt verbunden und somit auch kontrollierbar. Wenn Sie kein klares Ziel haben, kann es sein, dass Sie überall ankommen, aber nie dort, wohin Sie wollen!

Warum sollten Sie sich nun Ziele bei der Nutzung von Twitter setzen? Ganz einfach: Damit Sie sich im Klaren sind, warum Sie Twitter nutzen, wozu Sie dieses Tool einsetzen und was Sie damit zu welchem Zeitpunkt erreichen wollen. Daraus leitet sich dann ab, wie viel Zeit Sie täglich oder pro Woche bereit sind, für Twitter zu investieren. Schließlich soll Twitter nicht zu einem zusätzlichen Zeitfresser für Sie werden. Ihr Tag ist ohnehin meist schon schneller herum, als Sie gucken können.

Die Anforderungen an unseren Arbeitsalltag steigen durch die rasante Internetentwicklung und den allgemeinen technischen Fortschritt und die gesellschaftlichen Veränderungen, deren Zeuge wir sind, praktisch von Jahr zu Jahr. Ohne Ihre Bereitschaft, permanent Neues zu lernen und sich zu verändern, haben Sie keine Chance mehr. Und das Tempo wird in den nächsten drei bis fünf Jahren noch weiter ansteigen.

Wenn Sie sich nun darüber im Klaren sind, was Sie mit Twitter erreichen wollen und bis zu welchem Zeitpunkt Sie Ihre Ziele erreichen sollten, dann gibt es jetzt nur eines: „Just do it!"

Schauen wir uns im nächsten Kapitel die technischen Grundlagen für einen optimalen Twitter-Account an.

4.2 Die Twitter-Startseite

Ursprünglich war die Twitter-Startseite *twitter.com* eher unübersichtlich und nichtssagend.

Da Twitter in den letzten zwölf Monaten ein explosionsartiges Wachstum erlebt hat und durch die Medien immer mehr Menschen darauf aufmerksam wurden, hat Twitter im Juli 2009 seine Startseite aktualisiert.

Diese sieht jetzt wesentlich aufgeräumter und strukturierter aus, und Sie können schon durch den großen „Search-Button" erahnen, dass sich auf Twitter eine ganze Menge finden lässt.

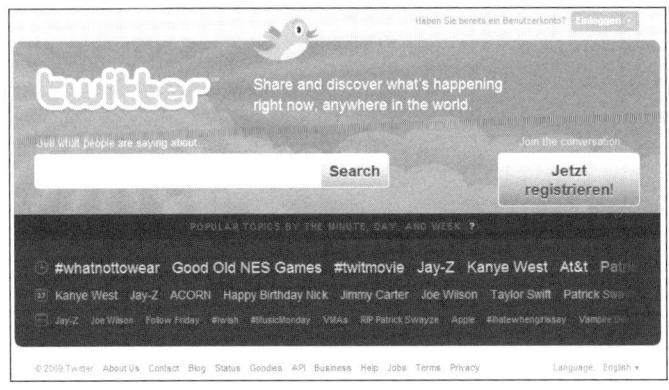

Abbildung 6:
Twitter-
Startseite

Sie können Twitter jetzt nutzen, ohne sich mit einem persönlichen Profil angemeldet zu haben.

Sie geben einfach in das Suchfeld ein, was Sie gerade interessiert oder zu welchem Schlagwort Sie etwas wissen wollen, und erhalten unmittelbar angezeigt, was die Menschen bei Twitter gerade tun und worüber sie schreiben. Wir haben hier als Beispiel „Wein" eingegeben.

Realtime results for **wein**

 asow Husch: heim. Hmmpf: gelieferten **Wein** in den Keller
schleppen. Hurra: see the guys, share some w.... with them!
about 2 hours ago from web

Abbildung 7: Suchergebnis für „Wein"

Sie können dann noch weiter in diesen Tweet gehen und sich das Benutzer-Profil ansehen und schauen, ob und was die Dame sonst noch so über Wein schreibt.

Trending Topics

Unter dem Hauptsuchfeld auf der Startseite werden Ihnen jetzt auch die sogenannten „Trending Topics" angezeigt. Die erste Zeile bezieht sich auf die aktuellen Themen genau in der Sekunde, in der Sie auf Twitter schauen. Die Zeile darunter zeigt Ihnen an, was in den letzten Stunden Gesprächsthema auf Twitter war. Noch weiter unten erscheinen die Gesprächs-Highlights der letzten Woche. Vor dem Hintergrund, dass Twitter immer weiter wachsen und bald die ganze Welt über Twitter vernetzt sein wird, ist dies ein perfekter Seismograph dafür, was auf der Welt gerade vor sich geht und ein kleiner Vorgeschmack darauf, was mit dem Echtzeit-Internet noch auf uns zukommt.

About Us

Eine Kurzbeschreibung von Twitter sowie die Twitter-Accounts der über 30 Mitarbeiter von Twitter. Hier wird auch beschrieben, wie Twitter entstanden ist und warum es bei den Menschen so beliebt ist. Sie finden hier auch Informationen zu den technischen Grundlagen, auf denen Twitter programmiert wurde, sowie kurze Informationen darüber, was Twitter als Nächstes plant und in welche Richtung es gehen soll.

Contact

Kontaktmöglichkeiten, um mit Twitter Inc. in Kontakt zu treten.

Blog

Hier finden Sie den firmeneigenen Blog, in dem sich immer wieder interessante Informationen zu Twitter finden.

Status

Zeigt Ihnen an, was Twitter aktuell an der Plattform verändert hat, und informiert aktuell über die technische Erreichbarkeit der Seite.

Goodies

Hier finden Sie Twitter-Applikationen für Ihren Blog, Ihre Homepage oder Ihr Smartphone.

API

Hier erhalten Sie im Twitter-Wiki Informationen zu der Twitter-API und den externen Programmiermöglichkeiten.

Business

business.twitter.com/twitter101 wurde wenige Tage vor der neuen Startseite hochgeladen und gibt eine Anleitung, wie man Twitter besser für den Einsatz im Unternehmen nutzen kann. Hier wird die spezifische Twitter-Sprache erklärt sowie eine Case-Study und Best-Practice-Beispiele aus den USA gezeigt. Sie können sich alles auch als Druckversion oder als Präsentation herunterladen.

Help

Hier finden Sie den Twitter-Support, der Ihnen weiterhilft, wenn einmal Probleme mit Ihrem Twitter-Account auftreten sollten. Dort befindet sich auch ein kleines Video, das auf Englisch erklärt, wie Sie Twitter nutzen können.

Wichtig: Über diese Seite kommen Sie auch direkt auf die Twitter-Suche *search.twitter.com* und die erweiterte Suche *search.twitter.com/advanced*, die Ihnen sehr detaillierte Suchen auf Twitter ermöglicht.

Jobs
Hier sehen Sie, welche Mitarbeiter Twitter sucht.

Terms
Lesen Sie dort die Geschäftsbedingungen für die Nutzung der Twitterplattform nach.

Privacy
Hier wird beschrieben, wie mit Ihren persönlichen Daten umgegangen wird. Um sich bei Twitter anzumelden und ein persönliches Profil einzurichten, drücken Sie auf den großen grünen Button „Sign Up now".

4.3 Profil-Grundeinstellung

Sollte dies Ihr erster Twitter-Account sein, wovon wir erst einmal ausgehen wollen, sollten Sie sich mit Ihrem persönlichen Namen anmelden. Ein Twitter-Benutzername ist wie eine Domain.

Sichern Sie sich frühzeitig Ihren eigenen Namen beziehungsweise den Ihres Unternehmens. Wenn Sie mit Twitter vertraut sind und die Vorteile zu schätzen gelernt haben, die Ihnen Twitter und das Twitterversum bringen, werden bestimmt noch viele weitere Namen folgen.

Um optimal mit Twitter zu starten, empfehlen wir folgende Grundeinstellungen und stellen sie Ihnen kurz vor.

Abbildung 8:
Twitter-
Account von
Stefan Berns

Auf was sollten Sie bei den Grundeinstellungen achten, wenn Sie Ihr erstes individuelles Twitter-Profil erstellen?

Bedenken Sie, dass es Ihre Persönlichkeit repräsentiert, Ihre digitale Persönlichkeit sozusagen. Unter dem Menüpunkt „Setting" in der oberen Blockleiste können Sie Ihre individuellen Einstellungen vornehmen. Auf folgende Punkte sollten Sie besonderen Wert legen:

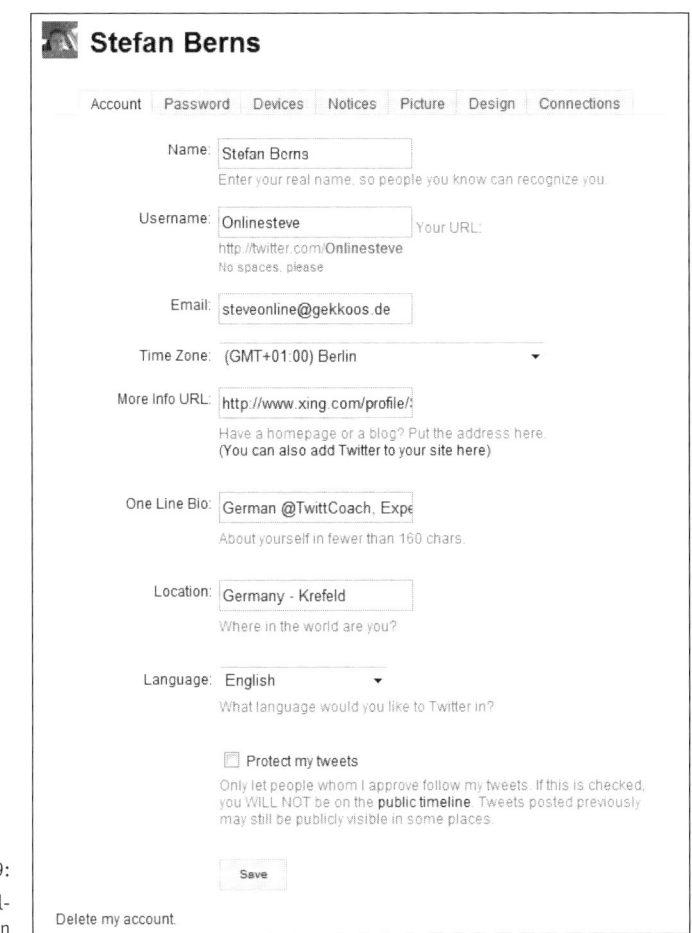

Stefan Berns

Account | Password | Devices | Notices | Picture | Design | Connections

Name: Stefan Berns
Enter your real name, so people you know can recognize you.

Username: Onlinesteve   Your URL:
http://twitter.com/Onlinesteve
No spaces, please

Email: steveonline@gekkoos.de

Time Zone: (GMT+01:00) Berlin ▼

More Info URL: http://www.xing.com/profile/:
Have a homepage or a blog? Put the address here.
(You can also add Twitter to your site here)

One Line Bio: German @TwittCoach, Expe
About yourself in fewer than 160 chars.

Location: Germany - Krefeld
Where in the world are you?

Language: English ▼
What language would you like to Twitter in?

☐ Protect my tweets
Only let people whom I approve follow my tweets. If this is checked,
you WILL NOT be on the **public timeline**. Tweets posted previously
may still be publicly visible in some places.

[Save]

Delete my account.

Abbildung 9:
Twitter-Profil-
einstellungen

Name

Tragen Sie hier bitte Ihren kompletten Namen ein. Sollten Sie einen Firmen- oder Marken-Account verwenden, dann verwenden Sie alternativ Ihren Firmen- oder Produktnamen.

Standort

Ihr Standort ist insofern wichtig, da es Menschen gibt, die aus den virtuellen Kontakten über Twitter auch reale Kontakte werden lassen wollen. Ich finde es immer spannend zu erfahren, wo derjenige lebt, mit dem ich mich über Twitter austausche.

Bild

Ihr persönliches Bild sollte sehr gut ausgewählt sein. Wie in allen anderen Social-Media-Profilen ist ein Foto wichtig, das Sie als positiven und freundlichen Menschen zeigt. Bitte bedenken Sie, dass auch im Internet der erste Eindruck entscheidend und der letzte bleibend ist und Sie niemals eine zweite Chance für einen ersten Eindruck bekommen.

Bio

Die Bio ist Ihr Kurzprofil, Ihre Twitter-Vita. Sie ist genauso wichtig wie ein positives und ansprechendes Bild.

Denn die 160 Zeichen, die Sie für Ihre Bio zur Verfügung haben, sind Ihre Visitenkarte, auf der Sie mit kurzen Stichworten beschreiben können, was Sie, Ihre Firma oder Ihr Produkt auszeichnet. Tragen Sie Ihre Charaktereigenschaften, Interessen, Dienstleistungen oder die Punkte ein, die Sie oder Ihre Produkte einzigartig machen.

Trotzdem haben nach der aktuellen Untersuchung State of the Twittersphere der amerikanischen Firma *hubspot.com* vom Juni 2009 lediglich 25 Prozent der Twitter-User eine ausgefüllte Bio in ihrem Profil! Allein das

Ausfüllen Ihrer Bio hebt Sie somit von der Masse ab und macht Ihr Twitter-Profil attraktiver.

Was ist zum Beispiel Ihr Alleinstellungsmerkmal? Was sind Ihre Vorlieben? Was zeichnet Sie als Mensch, Trainer oder Firmeninhaber aus? Was haben Sie der Welt zu bieten?

Web

Hier tragen Sie Ihre Homepage, Ihren Blog oder ein anderes Social-Media-Profil ein. Twitter dient oft nur als erstes Kontaktmedium, um mit neuen interessanten Menschen und Geschäftspartnern in Kontakt zu kommen. Natürlich möchte ich gerade bei meinem ersten Kontakt mehr über einen neuen Follower erfahren. Also bietet sich ein anderes, umfangreicheres Social-Media-Profil wie Xing, LinkedIn optimal an, um mehr Informationen über mich anzubieten. Die eigene Webseite ist hier natürlich die optimale Lösung.

Sollten Sie einen völlig neuen Marken-Namen einführen wollen, zum Beispiel im Rahmen einer Social-Media-Kampagne, bei der alle Profilnamen ein gemeinsames Element haben sollen, lohnt sich vorab ein Blick auf die Seite *tweexchange.com*. Dort wird Ihnen angezeigt, welche Twitter-Usernamen noch frei sind, und direkt daneben können Sie sehen, ob die passende Domain noch verfügbar ist.

4.4 Mein Twitter-CI oder: Schön sein auf Twitter

Mit diesen einfachen Grundeinstellungen können wir nun eigentlich direkt drauflos twittern. Da im Profil nur ein sehr kleines Bild eingestellt werden kann, sollten Sie das Layout Ihres Twitter-Profils optimal nutzen und individuell nach Ihren Bedürfnissen gestalten. Twitter bietet in diesem

Bereich relativ wenige Optionen an. Es gibt jedoch unzählige kostenlose Layout-Tools, die es Ihnen ermöglichen, sich von den Millionen anderen Usern abzuheben.

Auf den folgenden sehr nützlichen Seiten können Sie sich mit wenigen Klicks ein individuelles Twitter-Hintergrund-Layout erstellen:

- *twitpaper.com*
- *twitterbackgroundsgallery.com*
- *www.twitterimage.com*
- *www.twitbacks.com*
- *twittergallery.com*

Wer mit den gängigen Bildbearbeitungsprogrammen vertraut ist oder gar einen eigenen Designer in seinem Umfeld hat, kann sich natürlich auch ein eigenes Hintergrundlayout erstellen, das im Corporate Design gehalten ist. Beachten Sie dabei, dass je nach Bildschirmauflösung des Betrachters das Layout jeweils anders aussehen kann. Das kommt daher, dass Twitter den Twitter-Vordergrund immer zentral mit der Tendenz nach links ausrichtet. So ist bei einer sehr geringen Auflösung gar nichts vom Hintergrund zu sehen, während bei einer großen auch der rechte Bildschirmbereich noch viel erkennen lässt. Denken Sie auch an die vielen Flatscreens und spendieren Sie Ihrem Layout eine entsprechende Breite, sonst endet Ihr Hintergrund plötzlich im Nichts.

Ein kleiner Tipp aus der Praxis

Wählen Sie die Hintergrundfarbe für Ihr Twitter-Layout direkt bei Twitter aus und achten Sie darauf, dass diese der Grundfarbe Ihres individuellen Hinter- grundes entspricht, der dann als Bild darüber geladen wird. So decken Sie auch den breitesten Bildschirm am rechten Rand zumindest einfarbig passend zu Ihrem Layout ab.

Aber auch hier darf es menscheln. Ein schönes Beispiel zeigt das Hintergrund- Layout von Martina Hautau unter *www.twitter.com/sichtbarmachen*. Die Sichtbar- macherin generiert über Twitter nicht nur wertvolle Geschäftskontakte, sondern findet auch neue Coaching-Kunden.

Abbildung 10: Twitter-Account von Martina Hautau

Hier noch ein weiteres, gelungenes Profil-Layout:

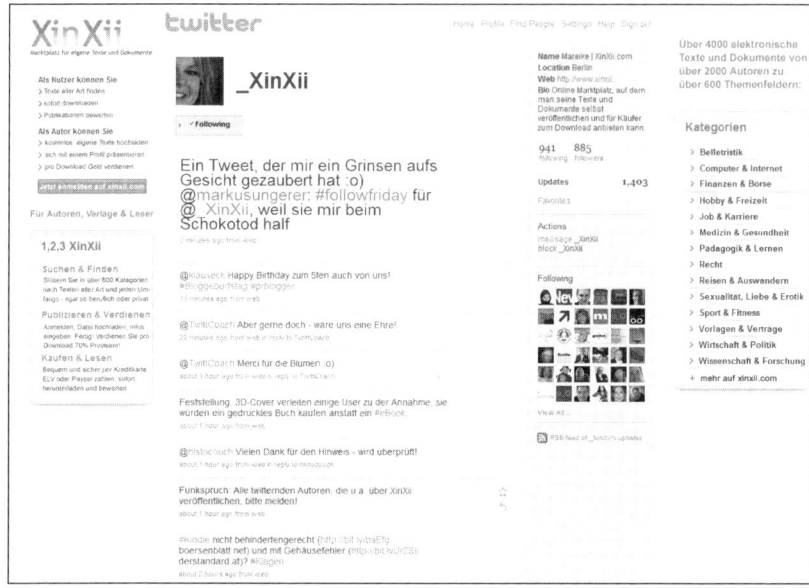

Abbildung 11: Twitter-Account von XinXii

4.5 Power Twitter 1.30

Da nach einer Berechnung des Onlinedienstes Heise-online mittlerweile über 62 Prozent der deutschsprachigen Internetnutzer den Webbrowser Mozilla Firefox nutzen, empfehlen wir Ihnen dieses hilfreiche Firefox Add-on. Es heißt Power Twitter und bringt Ihnen eine ganze Reihe von Annehmlichkeiten, wenn Sie Twitter über den Browser nutzen.

Power Twitter bietet Ihnen vielfältige Vorteile, wie zum Beispiel den integrierten URL-Verkürzungsdienst *bit.ly*, auf den wir später noch näher zu sprechen kommen. Sie können sofort Bilder twittern und dabei aktuell zwi-

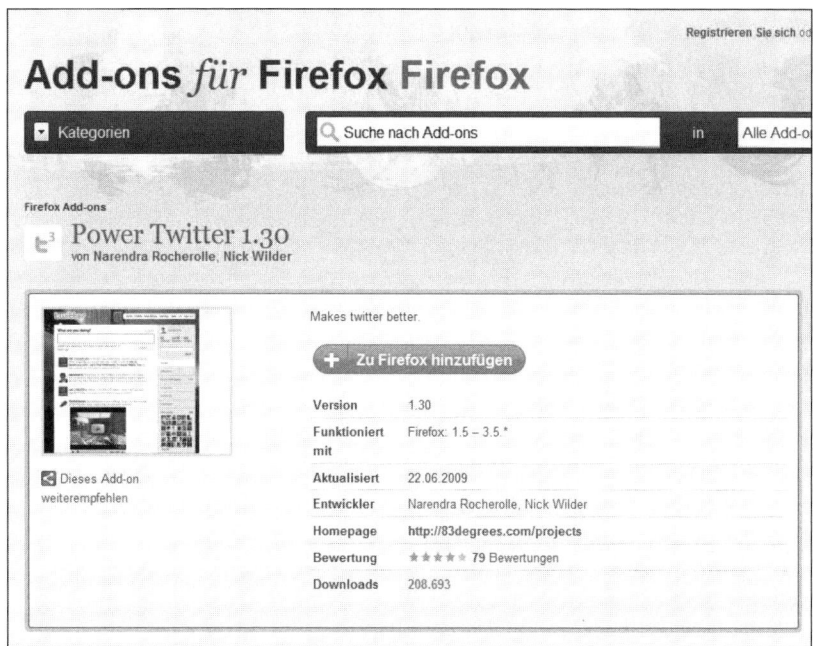

Abbildung 12: Firefox Power Twitter Add-on

schen den Twitter-Bilder-Diensten yfrog, tweetphoto, twitpic oder twitgoo wählen.

Mit einem Mouse-Over-Effekt können Sie sich direkt die letzten Tweets eines Users anschauen. Es ist ein URL-Entschlüsselungsdienst integriert, damit Sie direkt sehen, wohin der verkürzte Link führt und was sich dahinter verbirgt.

In der öffentlichen Timeline wird sofort angezeigt, ob es sich um ein Bild, ein Video oder eine Verlinkung auf einen Blogbeitrag oder eine Homepage handelt. Das spart Ihnen viel Zeit beim Lesen vermeintlich interessanter Tweets.

Eine andere sinnvolle Funktion ist die integrierte Suche, die es Ihnen ermöglicht, nur in der Timeline eines ausgewählten Users zu suchen.

Sie finden das Add-on unter folgender Adresse:
https://addons.mozilla.org/de/firefox/addon/9591

4.6 Twitter-Deutsch

Obwohl es der Begriff „twittern" wie auch das „Web 2.0" und die „Blogosphäre" dieses Jahr in den Duden geschafft haben, kennen zurzeit noch eher wenige Menschen Twitter und den Begriff „twittern" und können, wie aktuelle Umfragen belegen, überhaupt nichts damit anfangen.

Dennoch zeigt die Aufnahme in den Duden einmal mehr, wie alles rund um das Web immer mehr an Bedeutung gewinnt, auch in der Sprache.

Da auch Twitter seine eigene Sprache hat und weil Sie auf Twitter nur im SMS-Stil mit maximal 140 Zeichen kommunizieren, werden Ihnen viele Abkürzungen und neue Wortkreationen begegnen.

Daher haben wir für Sie einen Überblick über die geläufigsten Wörter, Begriffe und Abkürzungen zusammengestellt, die Sie auf Twitter erwarten.

Begriff	Bedeutung	Erklärung
Twitter	Online-Plattform, die die Nachrichten-Kommunikation revolutioniert hat	Englisch für Gezwitscher
twittern	von Englisch „to tweet" – zwitschern	in 140 Zeichen kommunizieren
Tweet		Kurznachricht mit maximal 140 Zeichen
Twingo	Twitter + Lingo	Twitter-Sprache
Tweeter		Twitter-Nutzer
Tword	Twitter + Word	neue Begriffe und Wortschöpfungen, die meistens mit „tw" beginnen
Twitterati	Twitter + Glitterati	berühmte und besonders erfolgreiche Twitter-Nutzer
TweetStream	Gezwitscherfluss	alle Nachrichten eines Twitter-Nutzers
Timeline	Zeitlinie	öffentliche Timeline = alle Nachrichten aller Twitter-Nutzer
Tweeple	Twitter + People	Menschen, die auf Twitter miteinander kommunizieren
Twitterversum	Twitter + Universum	Twitter und die Vernetzung mit den vielen Zusatz-Applikationen
Twittagessen	Twitter + Mittagessen	ein Mittagessen, zu dem man sich mit Twitter-Usern verabredet, um sich im realen Leben kennenzulernen
Twabendessen	Twitter + Abendessen	siehe Twittagessen, nur am Abend
TweetUp	Twitter + Meetup	Twitter-Nutzer treffen sich im realen Leben, um sich auszutauschen

Begriff	Bedeutung	Erklärung
Twittwoch	Twitter + Mittwoch	Twitter-Nutzer treffen sich, um Best-Practice-Beispiele aus Unternehmen kennenzulernen
Avatar	künstliche Profilform	der Nutzer möchte anonym bleiben und benutzt einen Phantasienamen und kein persönliches Bild
following	jemandem folgen	seine Tweets lesen oder abonnieren
unfollow	jemandem „ent-folgen"	seine Tweets nicht weiter lesen
Retweet	Re-Tweet	eine Nachricht, die weitergeleitet wurde
RT	steht für Re-Tweet	eine Nachricht, die weitergeleitet wurde
DM	Direct Message	eine direkte Nachricht, die nur der einzelne Twitter-Nutzer lesen kann
FF	Follow Friday	freitags empfehlen sich Twitter-Nutzer gegenseitig
#	Rautenzeichen für einen Hashtag	wird zur Verschlagwortung von Tweets genutzt
blocken		einem Twitter-User verbieten, der eigenen Timeline zu folgen
@	mit dem @-Zeichen kann ich jemanden direkt und öffentlich ansprechen	alle Tweets mit @TwittCoach erreichen diesen Twitter-Nutzer und sind im Twitterprofil sichtbar
Corporate Twittering		ein Unternehmen, das unter seinem Corporate Design und im Rahmen einer Social-Media-Kampagne twittert
Twitteratur	Twitter + Literatur	literarische Texte, die über Twitter gepostet werden

Begriff	Bedeutung	Erklärung
Twitterwall	Twitter + Wall	Präsentationsform, die alle Tweets, die einen bestimmten Hashtag enthalten, auf einem großen Bildschirm oder einer Projektion – meist auf einer Veranstaltung – automatisch erscheinen lässt
API	für englisch „application programming interface"	deutsch: Schnittstelle zur Anwendungsprogrammierung
Twittonary	der kleine Twitter-Duden	das Twitter-Dictionary bzw. Twittonary ist ein Glossar, das zahlreiche Twitter-bezogene Begriffe erklärt
Twitterfeed	Twitter + RRS Feed	dieser Online-Service publiziert den eigenen RSS-Feed automatisch über Twitter
Twitterearth	Twitter + Earth	Visualisierungs-Werkzeug für Twitter in Echtzeit anhand von Geodaten
TwitPic	Twitter + Bild	mit Hilfe von TwitPic veröffentlicht man Fotos, die auf Twitter sichtbar sind
Twetiquette	Twitter + Etiquette	Regeln für das Verhalten auf Twitter

Abbildung 13: Twitter-Begriffe

Wer sich gerne noch über weitere englischsprachige Twitter-Befehle informieren möchte, dem empfehlen wir das Twitter-Wörterbuch unter *www. twittonary.com.*

4.7 Follow-Friday

Wer sich regelmäßig auf Twitter bewegt, wird relativ schnell feststellen, dass immer wieder freitags etwas anders ist als sonst.

Wie von Zauberhand bekommt man auf einmal deutlich mehr Follower als an anderen Tagen – und das scheinbar, ohne etwas dafür tun zu müssen, denn freitags ist immer #followfriday, auf Deutsch: Follower-Empfehlungs-Freitag. Das bedeutet einen Tweet nach dem anderen, mit keinem anderen Inhalt als verlinkten Twitter-Profilen.

Jeder kann an diesem Tag interessante Follower aus seinem Netzwerk empfehlen. Man kann so zum Beispiel Freunde promoten und empfehlen, die gerade erst auf Twitter gestartet sind und sie ein wenig beim Follower-Wachstum unterstützen.

Versehen mit dem Hashtag #followfriday oder #ff reihen Sie einfach diejenigen Twitter-Namen auf, die Sie empfehlen möchten. Da wir mittlerweile auch in Deutschland über 130.000 Twitter-Nutzer haben, gibt das gleichzeitig eine gute Orientierung, welchen interessanten Followern Sie selbst folgen können.

Woher kommt die Idee des Follow-Fridays eigentlich?
Ausgedacht hat sich das Ganze am 16.01.2009 Micah Baldwin (@micah). Er wollte ursprünglich einfach nur User weiterempfehlen, denen er gerne folgt. Zunächst hatte sein erster Tweet dazu noch gar keinen Hashtag enthalten. Dieser wurde erst durch Mykl Roventine hinzugefügt, der sofort einen neuen Tweet an Micah verfasste. So nahm alles seinen Lauf, und bereits bei der Premiere wurden pro Sekunde bis zu zwei #followfriday-Tweets verschickt. Sieben Tage später tauchten die ersten fremdsprachigen ff-Tweets auf.

Eine genaue Chronologie der Ereignisse samt einer Statistik finden Sie auf dem Blog von Micah Baldwin unter *learntoduck.com/micah/follow-friday*.

Ein Ende des Trends ist nicht in Sicht: Erst vor Kurzem hat ein vierköpfiges Team eine FF-Landingpage gebaut. Unter *followfriday.com* zeigt die Live-Timeline alle zugehörigen Tweets. In Statistiken können Sie sehen, wer die meistempfohlenen und die meistempfehlenden User der Vorwoche sind, und auf dem Blog der Seite wird über allerlei Neuigkeiten rund ums freitägliche Empfehlungsmarketing berichtet.

Finden können Sie die Teilnehmer des Follow-Fridays über die normale Twitter-Suche, wenn Sie dort #followfriday eingeben, oder über die spezielle Hashtag-Suchmaschine *hashtags.org*.

Abbildung 14: Erster Follow-Friday-Tweet von Micah Baldwin

Die aktuelle Follow-Friday-Hitparade finden Sie auch unter *www.tweehits. com*. Dort können Sie sehen, wie oft jemand beim Follow-Friday empfohlen wurde und wie beliebt er ist. Ihren eigenen Platz können Sie hier natürlich auch überprüfen.

Eine weitere, ganz neu gestartete Seite nennt sich *www.topfollowfriday. com*. Hier sehen Sie, wer wen wie oft empfohlen hat. Sie erkennen also auch, wer Ihre Lieblinge auf Twitter sind, die Sie selbst gerne empfehlen, oder wer eventuell auch für Sie interessant sein könnte, wenn er von anderen oft empfohlen wurde.

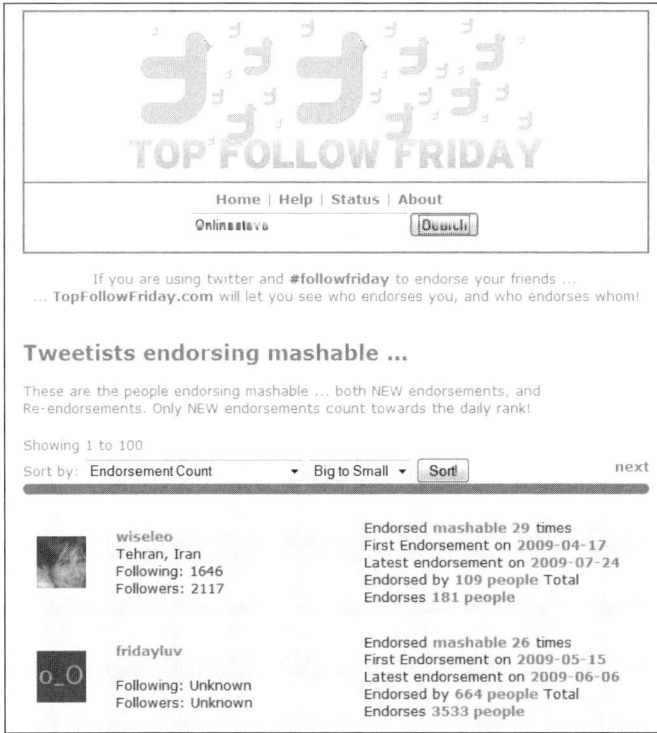

Abbildung 15: Übersicht *www.topfollow-friday.com*

Mittlerweile haben sich auch unterschiedliche Konstellationen bei der Verwendung des Follow-Fridays herausgebildet. So gibt es eine Gruppe, die den Follow-Friday wirklich nur in der Ursprungs-Idee betreibt. Das heißt, es werden in ein oder zwei Tweets lediglich die interessantesten User empfohlen und auch Begründungen dafür gegeben.

Eine andere Gruppe nimmt hingegen alle neuen Follower der vergangenen Woche mit auf oder diejenigen, die sie retweetet haben. Manche empfehlen gar nur sich selbst und ihre vielfältigen Profile.

Wer bereits sehr viele Follower hat, kann schon mal den Überblick verlieren oder befürchtet vielleicht, jemanden zu vernachlässigen. Wir empfehlen in diesem Fall, jede Woche einen thematischen Follow-Friday durchzuführen. So kann man in einer Woche nur private Twitter-User empfehlen, in der nächsten die besten Blogs, dann vielleicht die besten CEOs oder eben ein anderes Thema, das einem am Herzen liegt.

Eine weitere Gruppe nutzt eine Mischung all dieser Möglichkeiten. Sie sehen, Ihrer Kreativität ist auch hier keine Grenze gesetzt. Jeder nutzt den Follow-Friday so für sich, wie es für ihn passend und zweckmäßig ist.

Inzwischen hat sich der Follow-Friday auch unter der schnell wachsenden Zahl der deutschen Twitterati wie ein Lauffeuer verbreitet und funktioniert sehr gut. Es ist einfach, an ihm teilzunehmen und so neue interessante Follower zu finden und zu gewinnen.

4.8 Wie baue ich mein Netzwerk auf – Klasse oder Masse?

Seit wir uns mit Twitter beschäftigen und aktiv twittern, vergeht kein Tag, an dem wir nicht irgendeine Diskussion über die Reichweite und die Qualität von Followern lesen. Immer wieder wird gefragt, ob die Anzahl von Followern wirklich so ausschlaggebend sei. Ob wir selbst denn noch alle Tweets unserer Follower verfolgen und lesen könnten. Ob es Sinn macht, englischsprachigen Followern überhaupt zurückzufolgen, und warum diese uns denn überhaupt folgen, obwohl wir doch nur auf Deutsch twittern. Und was wir eigentlich mit Followern aus anderen Ländern sollen und so weiter und so fort.

Um es gleich vornewegzunehmen, wir orientieren uns immer an dem Besten der jeweiligen Kategorie, der mit unseren persönlichen Zielen übereinstimmt. Also derjenige, der das, was wir erreichen wollen, bereits erfolgreich vorgemacht hat, ganz nach dem Motto „Lerne von den Besten". Denn wie es nicht geht, können Sie von vielen lernen, wie Sie in der entsprechenden Kategorie erfolgreicher werden und bleiben aber nur von den Besten. Die Amerikaner nennen das „Learn from the Experts". Und sie haben Recht damit. Denn wir haben nicht genügend Zeit in unserem Leben, um alle Fehler selbst zu machen.

Daher haben wir uns an den professionellen Twitter-Usern aus dem Mutter- und Entstehungsland von Twitter, den USA, orientiert. Denn diese stimmen mit unseren persönlichen Zielen überein und haben erfolgreich vorgemacht, wie Twitter in den unterschiedlichsten Bereichen zu nutzen ist.

Weil Ihnen diese Fragen im Zusammenhang mit Twitter und anderen Social Networks ebenfalls begegnen werden, haben wir uns entschlossen, unsere Einschätzung mit Ihnen zu teilen. So können Sie letztlich selbst entscheiden, wie Sie damit umgehen wollen.

Die Ursprungsfrage lautet also: Macht es Sinn, so viele Follower wie nur möglich zu gewinnen? Die ganz klare Antwort darauf lautet: Ja! Bauen Sie schnellstmöglich Ihr Netzwerk auf, und zwar so groß wie nur irgend möglich!

Das beste Rezept lautet tatsächlich Masse statt Klasse. Oder sprechen wir lieber von qualifizierter Masse. Diese Strategie ist immer dann empfehlenswert, wenn Sie Aufmerksamkeit und mehr Sichtbarkeit für Ihre Tätigkeit oder Ihr Unternehmen suchen. Grundsätzlich sollte aber jeder für sich selbst Ziele festlegen, die er mit Twitter auch in Kombination mit anderen Social Networks erreichen will. Zu beobachten ist meistens, dass Menschen, die nur zum Spaß twittern, immer gegen eine hohe Anzahl von Followern argumentieren werden. Was aus ihrer Sicht auch vollkommen in Ordnung ist, denn Twittern soll ihnen Spaß machen. Sie jedoch twittern nicht zum Spaß, sondern verfolgen mit Ihrem Engagement auf Twitter ganz spezielle Ziele.

Wenn Sie also ein großes Vertriebsnetzwerk aufbauen wollen, dann ist es sehr wohl sinnvoll und effektiv, möglichst vielen Menschen weltweit zu folgen. Sollten Sie natürlich der englischen Sprache nicht mächtig sein, wird das schwieriger. Doch auch im Ausland finden sich einerseits sehr viele Deutsche, die eben auch auf Deutsch twittern, und andererseits auch Menschen, die sich freuen, wenn sie mit Ihnen auf Deutsch kommunizieren können. Insbesondere viele Amerikaner und Engländer schätzen es, ihr Deutsch wieder aufzufrischen, das sie eventuell, während sie in Deutschland stationiert waren, gesprochen haben. Schauen Sie über Ihren Tellerrand.

Natürlich ist es wenig sinnvoll, einfach nur planlos irgendwelchen Menschen zu folgen ... es sei denn, Sie wollen eines Tages die Follower-Rangliste anführen. Genauso wenig sollten Sie erkennbaren Spam- oder Sex-Accounts folgen. Je mehr davon Sie in Ihrer Follower-Liste haben, desto schneller wird Ihnen der Spaß am Twittern vergehen, weil Sie dann nur noch mit Spam zugetweetet werden.

Sie sollten anstreben, dass sich Ihre Followerschaft aus einer gesunden Mischung von Menschen aufbaut, die sich mit den für Sie relevanten Themen beschäftigen und darüber auch schreiben. Dies ist aber wiederum davon abhängig, wie Sie Twitter nutzen, rein privat oder nur beruflich oder beides über einen Account.

Diese Diskussion über die Qualität digitaler Kontakte wird ja bereits seit vielen Jahren geführt. Auch in anderen Social Networks, wie zum Beispiel Xing, werden die Nutzer mit den meisten persönlich bestätigten Kontakten gern als „Spinner" bezeichnet. Doch schaut man sich einmal genauer an, wie solche Leute sich ihr Netzwerk aufbauen und es erfolgreich nutzen, wird man schnell eines Besseren belehrt.

Als sehr prominentes Beispiel gilt hier Thorsten Hahn, der bei Xing mit knapp 30.000 persönlich bestätigten Kontakten die Rangliste anführt. Berücksichtigt man darüber hinaus auch die Kontakte seiner Kontakte, dann kommt er auf 2,4 Millionen Menschen, mit denen er vernetzt ist. Und auch bei Twitter hat er aktuell schon 1.683 Follower.

Wie nutzen ihm diese vielfältigen Kontakte und dieses riesige Netzwerk? 2004 hat er auf Xing seinen Bankingclub gegründet, ein Forum für die Finanzbranche. Mit Hilfe der Suchfunktion schrieb Hahn dann alle Xing-Mitglieder an, in deren Profil die Schlagwörter „Bank" oder „Versicherung" standen. Mittlerweile gibt es den Club auch in der realen Welt, und Hahn veranstaltet Konferenzen und Kongresse. Ohne sein riesiges Netzwerk wäre ihm das nicht möglich gewesen, und er wäre mit seiner Geschäftsidee nicht so erfolgreich.

Und so verhält es sich auch mit anderen Social Networks. Das Vitamin Xing oder Twitter entscheidet auch darüber, welchen Stellenwert wir als Netzwerkpartner grundsätzlich haben. Haben Sie sich bereits in anderen Netzwerken wie Xing, Facebook oder LinkedIn ein stabiles und funktionierendes Netzwerk aufgebaut, werden Sie erleben, wie schnell Sie auf Twitter Fuß fassen und neue Follower Ihnen automatisch folgen, ohne dass Sie aktiv etwas dafür tun müssen.

Mittlerweile untersuchen auch Wissenschaftler das Phänomen und die Auswirkungen von Social Networks. Dabei wurden auch Belege dafür gefunden, dass wir beruflich umso erfolgreicher sind, je mehr Kontakte wir haben.

Auch das ist nichts Neues. Neu ist jedoch, dass hier nicht nur die direkten Bekannten und Freunde eine entscheidende Rolle spielen, sondern auch die Freunde der Freunde der Freunde, also die Kontakte und Vernetzungen in der zweiten und dritten Ebene.

Das gilt auch für Twitter. Hier sind wir durch den Viral-Effekt indirekt mit der zweiten und dritten Ebene unserer direkten Follower vernetzt. Je mehr schwache und lose digitale Beziehungen wir haben, desto größer ist unser Zugang zu vielen unterschiedlichen Ressourcen. In Amerika können wir bereits beobachten, dass die Mitgliedschaft in Social Networks zu einem Einstellungskriterium geworden ist. Der US-Einzelhandelsriese Best Buy hat kürzlich einen Marketing-Manager eingestellt, der unter vielen anderen Qualifikationen auch mindestens 250 Kontakte bei Twitter nachweisen musste!

Die Kommunikations-Wissenschaftler stellten darüber hinaus fest, dass sich in den Online-Netzwerken der Freundschaftsbegriff verändert hat. Sprachen Psychologen früher von sogenannten Nutzfreundschaften, Zweckfreundschaften und reinen Freundschaften, so gibt es heute eine weitere Kategorie, die sogenannte Netzwerk-Freundschaft.

Bei dieser Form der Freundschaft geht es nicht vorrangig darum, was man kann und weiß, sondern wen man kennt und – noch viel wichtiger – wer einen kennt. Natürlich hilft es Ihnen nichts, wenn Sie ein möglichst großes Netzwerk haben und keine nennenswerten Fähigkeiten. Sicherlich können Sie einige Türen und Netzwerke öffnen, wenn Sie viele Menschen kennen. Sie kommen dann zwar hinein, aber wenn Sie auf Dauer drin bleiben wollen, benötigen Sie unbedingt Ihr Wissen und Ihre einzigartigen Fähigkeiten, also Ihren Expertenstatus.

Heute, und speziell durch den Twitter-Faktor, ist es so leicht wie nie, lose digitale Kontakte zu knüpfen. Die einzige Begrenzung ist das uns zur Verfügung stehende Zeitkontingent, das wir für die Pflege unserer Kontakte investieren können und wollen.

Außerdem zeigen Untersuchungen, dass es einen Zusammenhang zwischen dem Jahreseinkommen und den Online-Kontakten gibt. So fand das US-Marktforschungs-Unternehmen Anderson Analytics im November 2008 heraus, dass diejenigen, die ein Jahresgehalt von 200.000 und 350.000 Dollar beziehen und ein Profil bei LinkedIn haben, mit siebenmal höherer Wahrscheinlichkeit dort über mehr als 150 Verbindungen verfügen.

Wir können also feststellen, dass auch der Aufbau eines Twitter-Accounts mit möglichst vielen, qualifizierten Followern sinnvoll ist und sich über kurz oder lang in barer Münze auszahlen wird. Man weiß heute nie, wofür man einen flüchtigen digitalen Kontakt einmal brauchen kann.

4.9 Die zehn wichtigsten Twitter-Charaktere

Auf Twitter sind wie im realen Leben auch die unterschiedlichsten Menschen mit sehr differenziertem Twitter-Nutzerverhalten zu finden. Twitter lässt sich auf die vielfältigste Art und Weise und für alle nur denkbaren Zwecke nutzen.

Dieses ist eine sehr wichtige Erkenntnis. Denn Twitter ist Interaktion. Je besser sie auf die Unterschiedlichkeit der Menschen und deren Verhalten bei Twitter eingehen können, umso erfolgreicher können Sie sein. Psychologen erfassen das menschliche Verhalten gerne in Typologien und fassen hierzu Menschen in Gruppen zusammen. Als Gruppe oder einen bestimmten Typ bezeichnen sie dabei Menschen, die ähnliche Merkmale aufweisen und dadurch erkennbar werden. Als Power-User von Twitter haben wir beobachtet, dass es ganz im Sinne einer Typologie ganz spezifische Twitter-User gibt, auf die man immer wieder trifft. Wir bitten um Nachsicht, wenn die folgende Typologie vielleicht nicht wissenschaftlichen Ansprüchen genügt. Als Praktiker wissen wir, dass viel wichtiger als die wissenschafliche Exaktheit ist, dass Sie einen Überblick über die zehn wichtigsten Twitter-Charaktere haben, um deren spezifisches Verhalten einschätzen zu können.

Gerade bei deutschen Twitter-Nutzern ist es so, dass immer mehr sich bei Twitter anmelden, doch noch nicht so richtig wissen, wie sie mit Twitter umgehen sollen. Insofern ist es auch verständlich, dass viele sich bei Twitter erst einmal anmelden und dann nur mitlesen, um erst einmal zu verstehen, wie Twitter funktioniert. Nicht jedem ist es gegeben, sich via Twitter öffentlich im Internet zu präsentieren und sich mitzuteilen. Für viele Menschen ist das eine völlig neue Erfahrung und gerade für eher introvertierte Menschen sicherlich auch eine Herausforderung.

Darüber hinaus gibt es auch unterschiedliches Follower-Verhalten. Längst nicht jeder deutsche Twitter-User folgt Ihnen automatisch zurück, nur weil Sie ihm folgen. Die deutschen Twitter-User sind da im Vergleich eher zurückhaltend. Bei den amerikanischen Twitter-Usern können Sie sogar mit höchster Wahrscheinlichkeit davon ausgehen, dass diese Ihnen zurückfolgen.

Wie Sie mit neuen Followern umgehen oder wie Sie bei dem Aufbau Ihres individuellen Twitter-Profils vorgehen sollten, hängt letztlich davon ab, welche Ziele Sie mit und auf Twitter verfolgen. Denn diese sollten auch zu Ihrem persönlichen Kommunikationsverhalten passen. Das kann natürlich auch davon abhängen, ob Sie Twitter innerhalb einer übergeordneten Social-Media-Strategie oder schlicht als Kommunikations-Tool nutzen. Daher wird sich Ihr persönlicher Twitter-Faktor im Laufe der Zeit unter Umständen auch individuell verändern.

Twitter bietet mit seinen vielfältigen Funktionen für jeden Menschen genau die Möglichkeiten, die er nutzen möchte.

Wir haben für Sie eine Liste der Twitter-Charaktere zusammengestellt, denen Sie auf Twitter begegnen können.

Der Anfänger

Er hat von Twitter mal irgendwo gehört, sei es durch die Medien, Arbeitskollegen oder Freunde. Er hat sich angemeldet und eventuell sogar sein Profil ausgefüllt, doch seitdem nicht mehr getwittert. Dieser kann sich zu einer Karteileiche entwickeln, und Sie sollten beobachten, ob es Sinn macht, ihm zu folgen.

Following: < 50
Followers: < 20

Updates: 1 bis 2 oder keines
Letztes Update: vor mehr als vier Wochen

Der Netzwerker

Diese Menschen haben ein hohes und ausgeprägtes Kontakt-Bewusstsein. Sie handeln getreu dem Motto: „Kontakte schaden nur dem, der Sie nicht hat". Sie sind bereits in einigen anderen Social Networks präsent und bauen ihr persönliches Netzwerk aktiv und systematisch auf. Oder sie beginnen gerade damit, ihre digitale Identität über Twitter aufzubauen. Sie wissen, wie wichtig es in der heutigen, global vernetzten Wirtschaftsordnung ist, sich mit anderen interessanten Menschen aus ihrer eigenen Branche direkt zu vernetzen.

Sie haben dieses Prinzip der Vernetzung für sich erkannt und lieben es, das auch digital auszuleben. Sie finden Gemeinsamkeiten und suchen nicht nach Unterschieden. Die Wahrscheinlichkeit, dass Ihnen ein Netzwerker zurückfolgt, ist sehr hoch. Sie folgen und sie folgen auch zurück, denn sie lieben es, neue Menschen kennenzulernen. Sie wissen, dass aus Kontakten Beziehungen werden und sich aus Beziehungen Kunden oder Freundschaften entwickeln können. Wenn Sie diesem Follower-Typ folgen, können Sie sicher sein, selbst auch in kürzester Zeit viele neue Follower zu finden.

Following: 2.000 bis 10.000 oder mehr
Followers: entsprechen meist der Anzahl der Following, eventuell abzüglich 10 Prozent
Updates: meist sehr viele Updates, zwischen 10 bis 20 Tweets pro Tag
Letztes Update: vor 1 bis 2 Stunden

Der Mitwirkende

Diese Menschen lieben es, Ihnen uneigennützig Tipps und Information zu geben und Ihnen zu helfen. Sie tragen dazu bei, dass Sie es in Ihrem digitalen Geschäft einfacher haben und besser vorankommen. Sie pflanzen neues Wissen, sind immer hilfsbereit und freuen sich, wenn Sie dadurch erfolgreicher werden. Sie setzen Hashtags, damit man sich besser auf Twitter orientieren kann. Diese Leute kultivieren das Twitterversum.

Following: 250 bis 500
Followers: 500 bis 1.000
Updates: 2 bis 5 täglich
Letztes Update: nicht älter als 12 Stunden

Der Persönliche

Die diesem Charakter zugeordneten User twittern, um neue Freunde und Bekannte zu finden oder um bestehende Beziehungen zu intensivieren und zu leben. Ihnen ist es wichtig, dass man sich auch im realen Leben öfter begegnet. Sie finden sie auch auf Twitter-Treffen, wie bei Twittagessen, Twittwochs oder anderen Tweet-Ups in der realen Welt. Ihnen geht es um die „menschliche" Ebene. Für sie zählt nicht vorrangig das Business oder der Job. Verkaufen oder Produktempfehlungen über Twitter hasst dieser Charakter geradezu. Er liest sehr viel mit und hört zu, wenn sich öffentlich über Twitter unterhalten wird. Er lernt gerne von Ihnen und Ihren Tweets und gibt Ihnen dann auch mit Freude Feedback. Dieser Twitter-Typ trägt dazu bei, unsere Twitter-Erfahrungen sehr menschlich zu machen.

Following: 250 bis 500
Followers: 500 bis 1000
Updates: 2 bis 3 pro Tag
Letztes Update: vor 12 bis 24 Stunden

Der Humorist

Lachen ist die beste Medizin! Dieser Twitter-Charakter stellt sicher, dass wir das Leben nicht zu ernst nehmen. Wenn wir ihm auf Twitter folgen, versorgt er uns immer mit genügend Bildern, Videos und Webseiten, auf denen es etwas zum Lachen oder Schmunzeln gibt. Gerade wenn es in unserem Alltag wieder einmal sehr hektisch und stressig zugeht, tut es gut, einfach mal herzhaft zu lachen. Twitter ist auch Spaß, und der Humorist sorgt für unsere Unterhaltung und schickt uns seine Tweets direkt auf das Smartphone oder den PC.

Following: 250 bis 500
Followers: 1.000 bis 2.000
Updates: 2 bis 5 pro Tag
Letztes Update: in den letzten 48 Stunden

Der Ausgeglichene

Dieser Typ twittert strategisch. Bei ihm finden Sie in der Timeline nur ausgewählte und gut durchdachte Statusmeldungen. Er schreibt über sein Geschäft, auch über Persönliches und sein Leben, aber auch ab und an über etwas zum Lachen. Doch alles sehr bedacht, und Sie brauchen bestimmt keine Sorge zu haben, dass Sie alle 30 Sekunden einen Tweet von ihm erhalten werden. Er schreibt eher alle drei bis fünf Tage einmal etwas über Twitter.

Following: teilweise kann hier eine starke Differenz zu den Followers bestehen, 100 bis 150
Followers: zwischen 100 bis 1.000
Updates: 1 bis 5 Tweets pro Woche
Letztes Update: meist nicht älter als 3 bis 5 Tage

Der Verbraucher

Dieser Twitter-Typ kauft schon seit Jahren im Internet. Er verwendet sein Gezwitscher, um sich mit seinen Followern über seine Kaufentscheidungen auszutauschen. Er stellt Fragen zu Produkten, um von anderen, die bereits Erfahrungen damit gemacht haben, Informationen zu bekommen. Er kauft auf Empfehlungen und nutzt das Wissen der Masse. Und er glaubt völlig fremden Menschen und deren Empfehlungen und Produkterfahrungen definitiv mehr als den Werbeaussagen der Unternehmen.

Following: 1.000 bis 2.000
Followers: 500 bis 1.000
Updates: 3 bis 5 pro Woche
Letztes Update: kann bereits einige Tage oder Wochen alt sein

Der Verkäufer

Bei diesen Menschen ist die Hauptmotivation, Twitter als Marketing- und Vertriebskanal zu nutzen. Sie informieren uns mit Neuigkeiten über ihre Produkte und Dienstleistungen, um uns neugierig zu machen und uns letztendlich zu einer Kaufentscheidung zu bewegen.

Following: teilweise kann hier eine starke Differenz zu den Followers bestehen, 1.500 bis 2.000
Followers: 100 bis 1.000
Updates: 1 bis 2 Tweets pro Tag
Letztes Update: meist nicht älter als 3 bis 5 Tage

Der @Replier

Diese User unterhalten sich über das @Reply-Zeichen öffentlich über Twitter und die ganze Welt. Jeder kann daran teilhaben, was sie gerade mit einem Freund diskutieren und besprechen. Schauen Sie sich diese Unterhaltungen ruhig an. Vielleicht steigen Sie sogar in ein Gespräch ein und lernen neue Denkansätze und Sichtweisen von anderen Menschen kennen. Mit diesem Charakter können Sie Echtzeitkommunikation zwischen Menschen auf der ganzen Welt erleben, was wirklich eine sehr spannende und teilweise lebensverändernde Erfahrung sein kann.

Following: 250 bis 350
Followers: 250 bis 1.000
Updates: 2 bis 3 Tweets pro Tag
Letztes Update: meist nicht älter als 1 bis 3 Tage

Der Re-Tweeter

Diese User sind vielleicht die wertvollsten, die Sie in Ihrem Twitter-Account haben können. Denn je mehr dieser Re-Tweeter unter Ihren Followern sind, desto schneller werden Sie bekannt und der Viral-Effekt kommt hier voll zum Tragen. Diese Twitterer lesen alles, was Sie schreiben, aufmerksam mit und hängen Ihnen quasi an den virtuellen Lippen. Wenn ein Re-Tweeter Ihre Tweets weiterleitet, ist das wie ein virtuelles Kompliment zu werten. Denn er findet ihre Tweets dann offensichtlich so spannend und interessant, dass er Ihre Nachrichten in seinem eigenen Netzwerk verbreitet. Je höher die Online-Reputation Ihrer persönlichen Re-Tweeter ist, umso schneller verbreitet sich Ihre getweetete Nachricht. Hier ist ganz klar auf Qualität zu achten. Wenn Sie es schaffen, digitale Meinungsführer, sogenannte digitale Barone, als Follower zu gewinnen, die Ihre Nachrichten re-tweeten, kann es Ihnen passieren, dass Ihre Nachricht in kürzester Zeit um die Welt geht. Das ist die wahre Macht von Twitter.

Following: 1.000 bis 2.000
Followers: 1.000 bis 2.000
Updates: 10 bis 15 Tweets pro Woche
Letztes Update: meist nicht älter als 1 bis 2 Tage

Der Linker

Nein, hier ist nicht etwa die Rede von der politischen Gesinnung dieses Twitter-Charakters. Es geht um die User, die Sie mit all den interessanten Links versorgen, die sie auf ihrer Reise durch die unendlichen Weiten des Web 2.0 gefunden haben und mit Ihnen teilen möchten. Sie halten immer Ausschau nach neuen interessanten Links und versorgen uns damit. Wenn Sie diesem Twitter-Charakter aus Ihrem Fachbereich folgen, sind Sie immer bestens informiert und können alle abonnierten Fachzeitschriften abbestellen. Sie erfahren die Neuigkeiten schneller durch sie.

Following: 1.500 bis 2.000
Followers: 1.500 bis 2.000
Updates: 1 bis 3 Tweets pro Tag
Letztes Update: meist nicht älter als 24 Stunden

Der Ego-Twittermane

Er hält sich für den Nabel der Welt, ist furchtbar wichtig und hat viele Follower, hält es aber überhaupt nicht für nötig, anderen zuruckzufolgen. Er will nicht mehr als 150 bis 200 Followern folgen, weil er glaubt, dass er ohnehin nicht mehr lesen kann. Er ist immer bestrebt, sich ins rechte Licht zu rücken, eventuell auch auf Kosten anderer.

Following: 1.000 bis 3.000 oder auch mehr
Followers: 150 bis 250
Updates: twittert über Gott und die Welt
Letztes Update: nicht älter als einige Stunden

Vielleicht haben Sie sich bei dem ein oder anderen selbst wiedererkannt. Oft setzt sich unser Twitter-Nutzerverhalten aus mehreren unterschiedlichen Charaktereigenschaften zusammen.

Zum Schluss noch ein hilfreiches Tool, um anhand der täglich versendeten Tweets grob festzustellen, um welchen Twitter-Charakter es sich bei einem neuen Follower handelt. Auf *followcost.com* können Sie den Usernamen eingeben, und das Tool errechnet Ihnen die durchschnittliche Anzahl von Tweets, die der User bisher verwendet hat.

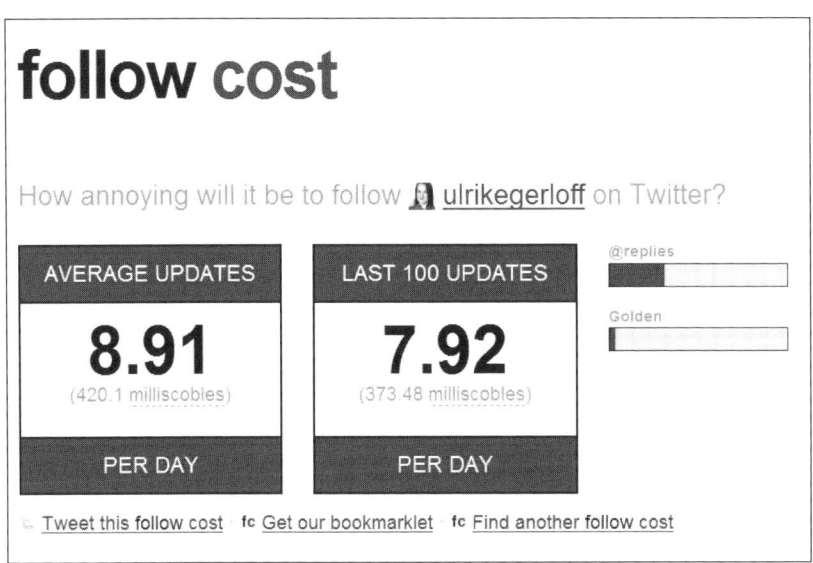

Abbildung 16: Übersicht *followcost.com*

Bei dieser Userin können wir erkennen, dass sie zwischen acht bis neun Tweets pro Tag versendet. Die Anzahl der versendeten Antworten (@replies) liegt in diesem Beispiel bei circa 31 Prozent. Wer noch weitere Informationen über sein eigenes Twitter-Nutzverhalten oder das von einem seiner Follower haben möchte, dem sei hier noch *twittruth.com* empfohlen. Diese Seite listet 16 unterschiedliche Werte zu dem von Ihnen angegebenen Twitter-Account auf.

4.10 Verified Accounts

Durch die immer größer werdende Spamproblematik und weil sehr viele Accounts von Prominenten und im öffentlichen Leben stehenden Personen von Fake-Twitterern missbraucht wurden, musste Twitter schnell reagieren und hat die sogenannten Verified Accounts eingerichtet.

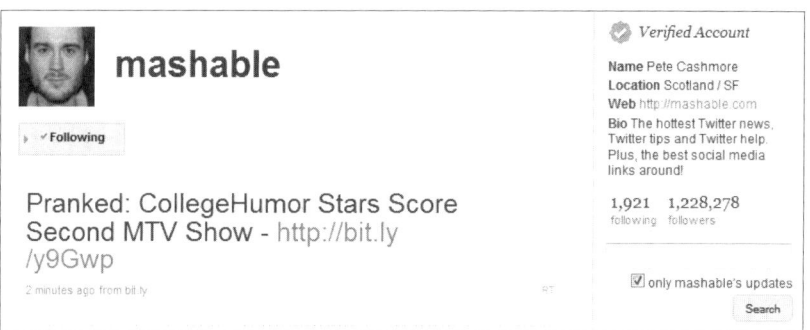

Abbildung 17: „Verified Account" von Pete Cashmore

Sie erkennen einen Verified Account an einem blauen Button mit einem weißen Haken darin ganz oben rechts im Profil. Alle anderen Kennzeichnungen sind gefälscht und nicht von Twitter authentisiert.

Alle Accounts, die diesen Verified-Button in ihrem Profil haben, sind Twitter persönlich bekannt und dokumentieren so, dass hier zum Beispiel der echte Barack Obama, Präsident der Vereinigten Staaten von Amerika, oder einer seiner Mitarbeiter twittert.

So ist zum Beispiel auch sichergestellt, dass Sie unter den unzähligen Britney-Spears-Accounts auch den echten herausfinden können.

Aktuell wird diese Verifizierung nur direkt von Twitter vorgenommen, und es ist auch noch im Test-Stadium. Wer gerne einen Verified Account für sein Unternehmen haben möchte, kann diesen Wunsch über ein Formular auf der Seite *twitter.com/account/verify_request?type-business* äußern und sich so listen lassen.

4.11 Wie und was kann ich twittern? Wie kann ich kommunizieren?

Twitter bietet uns eine Vielzahl unterschiedlicher Möglichkeiten, mit unseren Followern zu kommunizieren. Wir stellen Ihnen die neun gängigsten Möglichkeiten vor, wie Sie mit Ihren Followern kommunizieren können.

1. Link-Tweet: *„Hieran arbeite ich gerade!"*
Mit einem Link-Tweet kann ich meinen Followern die Möglichkeit geben, sie daran teilhaben zu lassen, an welchem Projekt ich zurzeit arbeite.

2. Classic-Tweet: *„Das mache ich gerade!"*
Die zentrale Frage bei Twitter lautet: *„What are you doing?"* Also: *„Was machst du gerade?"* Und diese Frage ist genau so banal wie zentral bei Twitter. Denn was bedeutet diese Frage denn tatsächlich, wenn ich sie beantworte? Ich gebe damit einen aktuellen Statusbericht aus meinem Leben oder Unternehmen. Damit erfahren alle Menschen, die mir folgen und aktuell meinen Tweet lesen, was ich gerade tue.

Wir finden diese Frage wirklich spannend, denn so können wir uns mit Tausenden von Menschen verbinden und an ihrem Leben teilhaben. Gleichzeitig haben wir als Einzelne auch die Möglichkeit, viele andere Menschen an unserem Leben teilhaben zu lassen. Zu Beginn unserer Twittererfahrung ist es bestimmt noch spannend, zu lesen, wie sich unser Geschäftspartner in einer anderen Stadt einen Kaffee kocht. Doch viel wesentlicher und entscheidend sind die Aktivitäten, die getwittert werden, die wir sonst nicht mitbekommen würden, wenn wir nicht in diesem Moment mit ihm zusammen wären oder er es uns per Telefon erzählen würde.

3. Meinungs-Tweet: *„Das denke ich gerade!"*
Nicht nur was Menschen tun, ist unter Umständen enorm spannend. Viel interessanter kann es sein, zu erfahren, worüber sie gerade nachdenken, was sie in ihrem Innersten beschäftigt und antreibt. Niemals zuvor hatten wir die Gelegenheit, unmittelbar daran teilzuhaben, was Menschen denken, auch wenn wir nicht physisch mit ihnen in einem Raum sind.

4. Vergangenheits-Tweet: *„Was habe ich gestern getan?"*
Nicht alle nutzen schon die Möglichkeit, über mobile Endgeräte jederzeit ins Internet gehen zu können und somit auch mobil zu twittern. Wer Twitter überwiegend über den Desktop oder seinen Laptop nutzt, dem bietet sich dieser Tweet an. Zudem haben wir ja auch nicht immer Zeit oder Lust, genau dann zu tweeten, wenn der Elfmeter gerade versenkt wird. Innerhalb eines angemessenen Zeitraums können wir also auch über die Vergangenheit twittern. Wir empfehlen Ihnen ein Zeitfenster von maximal vierundzwanzig Stunden als Grundlage für Vergangenheit-Tweets. Wir leben heute in einer so schnelllebigen und sich permanent beschleunigenden Welt, dass bereits Ereignisse, die nur drei bis fünf Tage zurückliegen, sich anfühlen wie eine kleine Ewigkeit.

5. Entertainment-Tweet: *„Das finde ich witzig!"*
Da Twitter natürlich kein reines Business-Tool ist, sondern sich zurzeit ganz rasant zu einem Massenmedium entwickelt, sollte und darf der Spaß auf Twitter natürlich nicht zu kurz kommen. Twitter bietet eine hervorragende Möglichkeit, Menschen zu unterhalten und sie zum Lachen zu bringen. Wenn wir zum Beispiel ein witziges Cartoon oder ein lustiges Video gefun-

den haben, dann können wir es blitzschnell in unserem Netzwerk weitertweeten und somit den Alltag unserer Follower für einen kurzen Moment aufheitern.

6. Frage-Tweet: *„Kannst Du mir bei dieser Frage helfen?"*

Twitter ist wie eine menschliche Suchmaschine, praktisch ein menschliches Google. Es gibt immer wieder Situationen oder Aufgabenstellungen in unserem Geschäftsalltag, wo wir nicht weiter wissen oder schnell eine Lösung brauchen. Da ich mich auf Twitter mit Experten zu jedem Fachgebiet verbinden und deren Tweets abonnieren kann, steht mir praktisch jegliches Wissen zur Verfügung. Ich kann über Twitter das Wissen und die Lebenserfahrung von unzähligen Menschen anzapfen und für mich und mein Leben nutzen. Wir sprechen hier von der sogenannten „Weisheit der Vielen", wonach eine Gruppen von Menschen schlauer ist als jeder einzelne.

Heute geht es vor allem darum, schnelle Lösungen zu bekommen. Twitter bietet sich dazu hervorragend an. Vielen Menschen ist es ein grundlegendes menschliches Bedürfnis, anderen Menschen zu helfen – und das vollkommen kostenlos und uneigennützig. Sie freuen sich einfach, ihr Fachwissen mit anderen zu teilen und ihnen so einen uneigennützigen Dienst erweisen zu können.

Ein Beispiel aus unseren ersten Tagen bei Twitter: Wir wollten wissen, wie die Kommunikation mit Twitter unser Gehirn beziehungsweise unsere Gehirnstruktur verändern könnte. Da Twitter in den ersten Tagen für uns wie eine Informationsdusche wirkte, kam uns diese Frage sehr schnell in den Sinn. Wir waren absolut überwältigt davon, wie schnell wir Informationen, weiterführende Links und Meinungen zu unserer Anfrage bekamen.

Nutzen Sie also diese mächtige Wissensdatenbank, um sich die Lösungen und Informationen für Ihren Geschäftsalltag zu besorgen, die Sie benötigen.

7. Bilder-Tweet: *„Schau mal, das mache ich gerade!"*

Wir leben heute in einer visuellen Gesellschaft, die durch Bilder geprägt ist. Die erfolgreichste Tageszeitung Europas mit den großen Buchstaben auf der Titelseite hat das auch schon längst erkannt. Jeder kennt das chinesische Sprichwort: *„Ein Bild sagt mehr als tausend Worte!"* Und wenn mir 140 Zeichen nicht genug sind oder die menschliche Sprache einfach nicht ausreicht, weil ein Bild in dieser Situation mehr sagt, dann twittere ich eben schnell ein Foto meines Erlebnisses.

Fast jedes Handy hat heute standardmäßig eine Digitalkamera integriert, so dass ich jederzeit eine Momentaufnahme machen kann. Wer bereits ein mobiles Endgerät zur Internetnutzung verwendet, kann also sein Bild unmittelbar auch über sein Twitter-Netzwerk verbreiten. Da meine Follower meine Fotos wiederum unmittelbar in ihrem Netzwerk weiterverbreiten können, gehen Bilder heute in rasantem Tempo um die Welt.

Ein berühmtes Beispiel dafür, wie das in der Praxis funktioniert, hat uns der US-Unternehmer Janis Krum geliefert. Er war nämlich der Erste, der die Notwasserung des im Hudson River gelandeten Flugzeugs mit seinem iPhone fotografierte und mit folgender Meldung twitterte: *„Da ist ein Flugzeug im Hudson River. Bin auf der Fähre, die versucht, die Leute aufzusammeln. Verrückt."*

Gleichzeitig ist Krums Aufnahme ein Dokument der Zeitgeschichte. Vor ein paar Jahren hätten fast nur professionelle Pressefotografen solche Bilder machen und veröffentlichen können. Heute ist jeder dazu in der Lage. Wir glauben, dass wir heute noch gar nicht absehen können, was das für unsere Zukunft genau bedeuten wird. Zumal wir uns aktuell im Bereich der bewegten Bilder befinden. Das heißt, es wird zukünftig vollkommen alltäglich sein, das, was wir erleben, in einem Kurzvideo zu dokumentieren und dann mit unserem Netzwerk zu teilen. Welche enorme Macht jedem dadurch zuteilwird, ist atemberaubend und wird die Medienlandschaft noch nachhaltig revolutionieren. Doch dazu später noch mehr.

8. Sprach-Tweet: *„Hör mal zu, was ich zu sagen habe!"*

Mit Twitter kann ich fast alles kommunizieren, was ich möchte. Neben Text, Bildern und Videos sind natürlich auch kurze Sprachaufzeichnungen möglich. Das kann sowohl für Menschen, die mit Ihrer Stimme beruflich arbeiten, interessant sein, um eine kleine Sprechprobe für Interessenten über Twitter bereitzustellen. Oder auch für die Vernetzung von Twitter mit dem Radio oder allen sprachbasierten Mehrwertdiensten in der Telekommunikation.

9. Video-Tweet: *„Schau her, wie bunt meine Welt ist!"*

Was für Bilder-Tweets gilt, stimmt natürlich auch für Videos. Warum ist das so bedeutend? Aktuell sind wir im Webdesign in der Phase mit hoch auflösenden Videos angekommen. Wer die Internetentwicklung verfolgt hat, kann sich erinnern, dass die ersten Webseiten rein textbasiert waren. Langsam kamen dann die ersten Bilder hinzu, und seit ein bis zwei Jahren ist es bereits Standard, dass hoch auflösende Videos in Webseiten eingebunden werden. Wir können heute über das Internet Fernsehen und Video in bester Qualität abrufen. Das Internet-Portal YouTube hat bisher am meisten von dieser technischen Entwicklung profitiert.

Sehr spannend wird die nächste Entwicklung sein, die bereits abzusehen ist: Die mobile Nutzung des Internets steht kurz vor der Massennutzung. Surfen per Handy wird in Deutschland immer beliebter! Verkehrsmeldungen, Wettervorhersagen, Nachrichten oder E-Mails werden häufig unterwegs abgerufen. Grundlage ist vor allem der Breitband-Mobilfunkstandard UMTS. Der Branchenverband Bitkom hat berechnet, dass es bereits bis zum Jahresende 2009 rund 16 Millionen UMTS-Anschlüsse in Deutschland geben wird. Das sind 60 Prozent mehr als noch vor einem Jahr.

Das heißt, jeder, der zukünftig über ein Smartphone verfügt, ist dann auch technisch in der Lage, seine kurzen Videos aufzunehmen und sofort ins Internet zu stellen und über seine sozialen Netzwerke zu verbreiten. Wir werden wohl zukünftig immer öfter live dabei sein, wenn es irgendwo auf der Welt um brisante Neuigkeiten geht.

5.
Vorsicht Falle – So nutzen Sie Twitter rechtlich unbedenklich

Wie bei allen Aktivitäten, die Sie geschäftlich im Internet betreiben, sind auch beim Umgang mit Twitter die rechtlichen Spielregeln zu beachten. Noch nehmen viele User Twitter als einen rechtlichen Freiraum wahr und betrachten alles, was sie auf Twitter machen, als Ausdruck ihrer freien Meinungsäußerung. Diese Einstellung von „Vorschriften – Nein, danke!" wird aber spätestens dann gefährlich, wenn Sie für Ihr Unternehmen oder aus beruflichen Gründen beispielsweise als Trainer oder Berater auf Twitter aktiv sein wollen.

Um nicht in eine teure Abmahnfalle zu tappen oder mit sonstigen rechtlichen Konsequenzen konfrontiert zu werden, möchten wir Ihnen nachfolgend einige Empfehlungen geben, wie Sie sich als Unternehmen einigermaßen rechtssicher auf Twitter bewegen können.

Wenn Sie Twitter zumindest teilweise aus geschäftlichen Gründen nutzen, sollten Sie auf drei Bereiche besonderes Augenmerk legen. Auf den **Account-Namen**, das **Profilbild** und das **Impressum**.

5.1 Account-Name

Es ist rechtlich nicht zwingend, seinen eigenen Namen als Account-Namen zu verwenden. Wenn Sie ihn aber verwenden, achten Sie auf korrekte Schreibweise. Sie können ihn mit Ihrem Vor- und Zunamen angeben oder Ihren offiziellen Firmennamen verwenden. Wenn Sie eine abweichende Bezeichnung für Ihren Account verwenden, dann sollten Sie vorsichtig mit der Verwendung von Markennamen wie „Adidas", „Mercedes", aber auch Mediennamen wie „Tagesschau" oder „MDR" sein. Ähnlich wie bei der Wahl von Internetadressen allgemein gilt auch für Account-Namen auf Twitter, dass Sie fremde Marken- und Namensrechte beachten müssen. Die Situation ist rechtlich vergleichbar mit dem Domainrecht. Auch auf Twitter sind das Markengesetz (MarkG), das Gesetz gegen unlauteren Wettbewerb (UWG) und das Urheberrechtsgesetz (UrhG) sowie Richtlinien zum Titelschutz zu beachten.

Sollten Sie eine fremde Marke oder einen fremden Namen als Account-Namen registrieren, riskieren Sie eine Abmahnung und damit verbundene Anwaltskosten von mehreren hundert oder tausend Euro, die Sie als Rechtsverletzer tragen müssen. Darüber hinaus kann eine solche Aktion auch zu negativer PR führen und dann möglicherweise ein über Jahre aufgebautes gutes Image Ihres Unternehmens beschädigen. Es lohnt sich daher, auch als Marketer bei der Einrichtung von Twitter-Accounts auf die Einhaltung der jeweiligen Rechtsnormen zu achten.

Downloadtipp: Vorsicht Falle: Die häufigsten Rechtsfehler auf Websites

Als weiterführende Quelle möchten wir Ihnen das kostenlose E-Book „Vorsicht Falle: Die häufigsten Rechtsfehler in Websites" von Carsten Föhlisch empfehlen. Sämtliche hier genannten Aussagen gelten auch für Twitter und das Microblogging.

Es steht auf unserem Blog *twittcoach.com* unter der Rubrik *Download* zum kostenfreien Download für Sie zur Verfügung.

5.2 Profilbild

Obwohl Ihnen bei Ihrem Profilbild nur eine geringe Größe von 48 × 48 Pixel zur Verfügung steht, kann auch das Profilbild fremde Rechte verletzen. Es ist darauf zu achten, dass nicht nur die Rechte an dem Bild geklärt sind, sondern auch die Rechte bezüglich des Bildinhalts. Wenn beispielsweise andere Personen als Sie selbst mit abgebildet sind, brauchen Sie auch deren Erlaubnis zur Verwendung des Bildes.

Ein anderer häufiger Rechtsfehler ist die Verwendung von Bildern ohne Besitz der notwendigen Nutzungsrechte. Wenn Sie sich beispielsweise für Twitter und andere Gelegenheiten professionell gestaltete Fotos von einem Fotografen anfertigen lassen, dann achten Sie darauf, dass der Fotograf Ihnen auch die Nutzungsrechte für eine Nutzung in Onlinemedien überträgt.

Tipp: Vorsicht bei Fotos und Bildern!

Verwenden Sie keine Fotos oder Backgroundbilder, wenn Sie nicht sicher sind, dass Sie auch die notwendigen Nutzungsrechte (erworben) haben.

In der Rechtsprechung wird zwischen umfassenden oder vollständigen und einzelnen Nutzungsrechten unterschieden. Wenn Sie Bilder für die Nutzung im Internet erwerben oder anfertigen lassen, dann lassen Sie immer auch die umfassenden Nutzungsrechte oder zumindest das Recht auf Nutzung in Onlinemedien einräumen.

Ein für den Firmenprospekt, also ein Druckwerk, erworbenes Foto dürfen Sie nicht automatisch einfach auch online verwenden. Es ist ein beliebtes Geschäftsgebaren von Bild- oder Werbeagenturen, Bilder nur mit eingeschränkten Nutzungsrechten an Kunden abzugeben, um sich so spätere Einnahmequellen offenzuhalten. Eine Nachfrage vor der Verwendung kann viel Geld sparen, denn wenn der Fotograf Sie beispielsweise abmahnt, dann müssen Sie neben einer nachträglichen Lizenzgebühr noch einmal einen Verletzeraufschlag von 100 Prozent zahlen, wenn Sie vergessen haben, den Fotografen als Urheber zu nennen.

Diese Empfehlungen gelten nicht nur für das Profilbild, sondern auch für das Hintergrund-Layout, was Sie für Ihren Twitter-Account hochladen können.

5.3 Impressum

Die Impressumspflicht ist im Internet ein besonders sensibles und wichtiges Thema. Im deutschen Recht ist geregelt, dass Anbieter geschäftlicher „Telemedien" ein Impressum bereithalten müssen.

Dazu gehören in erster Linie Webseiten. Die Juristen sprechen hier von der Anbieterkennzeichnungspflicht gemäß Telemediengesetz (§ 5 TMG). Ob Twitter-Profile auch solche impressumspflichtigen „Telemedien" sind, ist aktuell noch nicht abschließend geklärt. Es empfiehlt sich aber, zur Sicherheit ein Impressum einzurichten.

Hier stoßen Sie aber auf ein Problem, denn Twitter selbst bietet Ihnen wenig Möglichkeiten für die Platzierung eines Impressums. Wir empfehlen Ihnen daher, unter „Web" auf eine Webseite zu verlinken, auf der *übersichtlich und sofort auffindbar* die notwendigen Impressumsangaben zu finden sind.

Die notwendigen Mindestangaben im Impressum sind:
1. Ihr vollständiger Name oder/und der Name Ihres Unternehmens.
2. Ihre postalische Anschrift. Bitte verwenden Sie keine Postfachadresse, sondern die Anschrift, an der Sie tatsächlich erreichbar sind (ladungsfähige Anschrift).
3. Rechtsform Ihres Unternehmens.
4. Die Angabe von Telefon-, Telefax-Nummer oder E-Mail-Kontaktdaten.

Es können im Einzelfall noch weitere Angaben wie Umsatzsteuer-ID oder die Nennung eines Verantwortlichen im Sinne des Presserechts notwendig werden (s. *www.anbieterkennung.de*).

Das aktuelle Impressumsrecht für Webseiten im Internet schreibt Ihnen zusätzlich vor, dass Ihr Impressum durch maximal zwei Klicks erreichbar sein muss. Bitte überprüfen Sie daher, wenn Sie Ihre Unternehmenswebsite als Adresse angeben, ob von Twitter aus mit maximal zwei Klicks Ihre Anbieterkennzeichnung erreichbar ist.

Manche Anwender geben bei Twitter als URL auch einen Link zu Ihrem Facebook-, LinkedIn- oder XING-Profil an. Hiervon raten wir ab, denn dort sind Ihre Kontaktdaten in der Regel nicht für jedermann einsehbar und Sie würden damit die rechtlichen Anforderungen nicht erfüllen.

Alternativ zum Link auf die eigene Website bietet sich auch eine Verlinkung auf eine spezielle Twitter-Impressum-Seite oder eine speziell für Twitter-Accounts eingerichtete Landingpage an.

Eine Angabe Ihres Impressums im Twitter-Hintergrundlayout ist leider nicht praktikabel, da nicht jedem Twitter-User das Hintergrundbild auch angezeigt wird.

Nach aktuellen Untersuchungen nutzen Anwender Twitter zu einem hohen Prozentteil über mobile Endgeräte oder eine spezielle Applikation. Statt der Twitter-Website wird beispielsweise Tweetdeck oder Ähnliches verwendet. In beiden Fällen gilt, dass Ihr Hintergrundbild für Leser Ihrer Tweets und Ihres Profils meist nicht sichtbar ist. Es ist also dann zumindest strittig, ob Sie mit Anbieterangaben nur im Hintergrundbild in ausreichender Weise Ihre Anbieterkennzeichnungspflicht erfüllen.

5.4 Wettbewerbsrecht

Das Wettbewerbsrecht spielt vor allem beim Twittern selbst eine Rolle. Twitter ist immer auch ein wenig Guerilla-Marketing, denn es ist nicht immer eindeutig erkennbar, ob Sie persönliche Befindlichkeiten mit Ihren Followern austauschen oder Werbung für Ihre Produkte machen.

Besonders hervorzuheben ist jedoch, dass „Guerilla-Marketing" in Deutschland vor Problemen steht, da § 4 Nr. 3 des Gesetzes gegen unlauteren Wettbewerb (UWG) die Verschleierung des Werbecharakters von geschäftlichen Handlungen untersagt. Auf der sicheren Seite als Unternehmer handeln Sie in dieser Hinsicht immer dann, wenn auf Twitter klar erkennbar ist, dass Sie als Unternehmen auftreten und agieren.

Auf Grundlage des Wettbewerbsrechts können insbesondere Unternehmen direkt gegeneinander vorgehen. Wer meint, dass Konkurrenten sich unzulässig verhalten, weil sie beispielsweise kein ordnungsgemäßes Impressum eingebunden haben, Werbebotschaften verschleiern oder ihren „Followern" per Direct-Message Spam schicken, kann versuchen, gegen sie vorzugehen. Wie weit sie dabei gerichtlich erfolgreich sind, bleibt abzuwarten.

Doch bevor Sie sofort den Rechtsweg beschreiten, sollten Sie lieber den Dialog suchen. Wer bei dem kleinsten Verdacht sofort abmahnt, steht nicht nur zu Recht in der öffentlichen Kritik, sondern er übersieht auch, dass die Voraussetzung für die Einschaltung eines Rechtsanwaltes oder eine gerichtliche Abmahnung ist, dass andere Mittel, die Rechtsverletzung zu beseitigen, versagt haben.

5.5 Äußerungsrecht und Link-Haftung

Hier ist es wichtig, dass Sie beachten, dass Sie nur Dinge auf Twitter behaupten, die Sie im Zweifel auch beweisen können. Auch wenn Twitter manchmal wie eine private Unterhaltung anmutet, so befinden Sie sich doch im öffentlichen Raum, denn es lesen möglicherweise Tausende mit. Wenn Sie daher an jemandem Kritik üben, dann achten Sie darauf, dass Sie die Grenze zur Schmähkritik nicht überschreiten. Für Twitter gilt hier derselbe Grundsatz, der auch für Internetforen und Blogs gilt: Erst denken, dann schreiben oder vielleicht besser nichts schreiben.

Ein solches Vorgehen empfiehlt sich auch deshalb, weil die Juristen selbst immer wieder Schwierigkeiten haben, zu definieren, wo die Grenze von der freien Meinungsäußerung zur Diffamierung oder Herabsetzung anderer Mitmenschen überschritten wird.

Bei der Verlinkung auf fremde Seiten von Twitter aus gilt zu beachten, dass Sie für Links zu rechtswidrigen Seiten haften können. Rechtswidrige Inhalte sind beispielsweise Links zu illegalen Downloadangeboten oder rechtsextremistischem Gedankengut. Hier werden bei Ihnen dieselben strengen Regeln angewendet, die für große Medienangebote gelten. Vor dem Gesetz gibt es hier keinen Unterschied zwischen Ihrem MircoBlogging auf Twitter und Nachrichtenportalen wie *heise.de* oder *spiegel.de*. Seien Sie also vorsichtig und sensibel bei Linkangaben. Auch wenn Sie eine Nachricht einfach nur „retweeten". Denn Sie können immer selbst haftbar gemacht werden. Verlinken Sie daher nur auf Seiten, die Sie auch selbst geprüft haben.

Trotz aller gegenteiligen Meinungen hilft in diesem Fall auch nicht ein freundlicher Hinweis im Tweet oder auf Ihrer Website.

Sollten Sie selbst gegen andere wegen der Verletzung eigener Rechte durch nachweislich falsche Tatsachenbehauptungen oder unzulässige Beleidigungen rechtlich vorgehen wollen, so können Sie dies tun. Bitte bedenken Sie aber dabei, dass das Gegenüber nicht unbedingt identifizierbar sein wird. Twitter verifiziert die angemeldeten Nutzer bislang nicht.

5.6 Twitter Unternehmensrichtlinien

Da Twitter für die meisten unter uns ein völlig neuartiges Kommunikationsmedium ist, empfehlen beispielsweise die Rechtsanwälte Henning Krieg und Dr. Fabian Niemann von der Kanzlei Bird&Bird, dass sich Unternehmen, bevor sie zu twittern beginnen, über interne Twitterrichtlinien für Ihr Unternehmen Gedanken machen und damit den eigenen Mitarbeitern eine notwendige Orientierung zur Nutzung von Twitter in Bezug auf das eigene Unternehmen geben.

Beispielsweise sollten die folgenden fünf wichtigen Punkte darin geregelt sein und berücksichtigt werden.

1. Welche Mitarbeiter sind autorisiert, im Namen der Firma zu twittern.
2. „Offizielle" und „private" Beiträge müssen jeweils als solche gekennzeichnet sein und unterschieden werden können.
3. Welche Inhalte sind zulässig und dürfen getwittert werden. Welche Informationen dürfen auf keinen Fall veröffentlicht werden.
4. Regelverstöße und die daraus resultierenden Konsequenzen für die Mitarbeiter müssen im Vorfeld aufgezeigt werden.
5. Die Einhaltung dieser Twitterrichtlinien und eventuelle Verstöße sollten konsequent verfolgt werden.

5.7 Spam-Falle Direct-Messages

Direct-Messages bieten Ihnen wie beschrieben die Möglichkeit, private Nachrichten an Ihre Follower zu senden. Oft wird diese Möglichkeit jedoch auch als zusätzlicher Werbekanal genutzt. Auch hierzu haben sich die Rechtsexperten von Bird&Bird Gedanken gemacht und sehen in Direct-Massages möglicherweise einen Verstoß gegen das Gesetz gegen unlauteren Wettbewerb (UWG). Denn Direct-Massages könnten als „unzumutbare Belästigung unter Verwendung elektronischer Post, ohne dass eine Einwilligung der Adressaten vorliegt" (§ 7 Abs. 2 Nr. 3 UWG) angesehen werden und damit möglicherweise von Gerichten als Spam gewertet werden.

Wir empfehlen Ihnen daher, das reine „Followen" auf Twitter nicht als Einwilligung in den Erhalt von Werbung per Direct-Message zu interpretieren. Entsprechend sollten Sie mit dem Versand von werblichen Direct-Messages sehr sensibel und vorsichtig umgehen.

5.8 Account-Grabbing

Wie schon an anderer Stelle in diesem Buch deutlich gemacht, sollten Sie sich schnellstmöglich Ihren Twitternamen sichern. Viele Unternehmen stehen bereits heute vor dem Problem, dass der Name ihres Unternehmens bereits registriert ist. Oftmals wird er sogar als Fake-Account betrieben oder als Profil, das nichts mit dem eigenen Unternehmen zu tun hat.

Nach unseren Erfahrungen ist es in bestimmten Fällen möglich, gegenüber dem anderen „Twitterer" auf den Schutz der eigenen Marke und des eigenen Namens zu pochen und die Freigabe des Profilnamens zu fordern.

In der Vergangenheit zeigten sich die Betreiber von Twitter zwar oft unkompliziert und lösten die Situation auf. Aufgrund der inzwischen massiv gestiegenen Nutzerzahlen von Twitter bleibt jedoch abzuwarten, ob die Betreiber auch in Zukunft schnell und unkompliziert reagieren können.

Bitte beachten Sie, dass Twitter-Account-Namen nicht wie bei einer Domain von einer Registrierungsstelle, wie zum Beispiel der Denic, vergeben werden.

Faktisch sind die entsprechenden Webadressen, wie zum Beispiel *www.twitter.com/mein-account,* eine Unterseite auf *twitter.com.* Sie gehören Twitter und im Gegensatz zu einer normalen Domain können sie keine Eigentumsrechte hieran erhalten.

Wenn Sie gegen einen anderen Twitterer vorgehen möchten, sollten Sie sich immer bewusst sein, dass eine Identifizierung eines Account-Inhabers nicht immer möglich ist und Twitter als Betreiber des Angebots seinen Geschäftssitz in den USA hat.

Darum sollten Sie schnellstmöglich handeln, also am besten sofort, und sich Ihre relevanten Namen (Markennamen, Firmennamen, Produktnamen, Privatnamen etc.) sichern. Bitte beachten Sie dabei, dass Sie diese Accounts auch nutzen und mit Leben füllen müssen. Twitter löscht nicht genutzte Accounts nach sechs Monaten.

Um die Verfügbarkeit von Account-Namen für Ihre Social-Media-Profile zu prüfen, lohnt es sich, kostenlose Recherche-Tools wie *www.namechk.com* zu verwenden. Dieses Tool überprüft die angebotsübergreifende Namensverfügbarkeit auf bekannten Social-Media-Plattformen.

Da die Autoren selbst aber weder Rechtsanwälte sind noch sich als Rechtsexperten begreifen, sollte der Leser uns zugestehen, dass in einem Buch über Twitter keine Rechtsempfehlung gegeben werden kann. Twitter ist ein sehr junges Medium und daher fehlt es einfach noch an einer Orientierung gebenden Rechtsprechung zur Twitternutzung in Deutschland. Sehr empfehlenswert ist aber eine im Netz verfügbare Checkliste der Kanzlei Bird&Bird zur Twitternutzung für Unternehmen (s. Download-Tipp auf Seite 116).

6.
Best-Practice-Beispiele –
Unternehmen im Interview

Bei aller Begeisterung und allem Hype um Twitter zählt am Ende des Tages nur, ob ein Internet-Service wie Twitter genügend Menschen beziehungsweise Unternehmen Nutzen bringt.

Und nicht etwa zum reinen Zeitvertreib oder um ein weiteres Web 2.0-Spielzeug zu haben, sondern es geht um konkrete Nutzen und Vorteile im täglichen Geschäftsleben. Genau deshalb haben wir dieses Buch für Sie geschrieben.

Damit Sie – ob Sie nun als Trainer und Coach tätig oder Geschäftsführer eines kleinen oder mittelständischen Unternehmens sind oder sich gerade in der Existenzgründung befinden – alle Möglichkeiten im Bereich PR und Marketing im Web 2.0-Zeitalter kennenlernen und so optimal für die Zukunft in der digitalen Welt gerüstet sind.

Da wir uns in diesem Buch auf die Nutzanwendung mit Twitter konzentriert haben, wollen wir in den nun folgenden Kapiteln Inhaber oder Repräsentanten von Unternehmen zu Wort kommen lassen, die Twitter bereits seit einigen Monaten erfolgreich einsetzen. Sie haben erste wertvolle Erfahrungen damit gemacht und sind bereit, diese mit Ihnen zu teilen.

Sie finden darunter sowohl einzelne Berater als auch Mittelstands-Unternehmen und sogar einen Weltkonzern, der die Telekommunikationsszene der letzten zehn Jahre maßgeblich mitprägte.

Lassen Sie uns anmerken, dass die drei erstgenannten Unternehmen bei ihren ersten Schritten auf Twitter durch die beiden Autoren individuell begleitet und gecoacht wurden.

Wie Sie an den unterschiedlichen Interviews feststellen werden, nutzt jeder der Interviewten Twitter ganz individuell und ist auch ganz unterschiedlich an Twitter herangegangen. Und dennoch ist bei allen Interviewten ein feiner roter Faden zu erkennen.

Doch lesen Sie selbst, welche zum Teil beeindruckenden Erfahrungen die einzelnen Unternehmer bisher mit Twitter in der Unternehmenskommunikation und dem Corporate Twittering gesammelt haben.

6.1 Wie die Teilnehmer ihren Coach finden – die Sichtbar-Macherin Martina Hautau

Im Gespräch mit Martina Hautau, der Sichtbar-Macherin

Martina Hautau ist TV-Expertin, TV-Moderatorin, freie Journalistin und Live-Coach. Sie betreibt den Blog *www.sicht-bar.in* und ist auf QVC als Cape-June-Expertin regelmäßig präsent. Martina Hautau ist darüber hinaus Buchautorin des Buches KISS ME COACH das etwas andere Buch.

Wie lange nutzen Sie Twitter schon und für welche Zwecke? Wie viele Follower haben Sie aktuell?

Seit Februar 2009 twittere ich. Gestartet bin ich mit meinem Buch-Account @kissmecoach mit aktuell 1.742 Followers und meinem Account @Sichtbarmachen mit aktuell 2.314 Followern. Mein Ziel ist es, über Twitter zum einen Buch-PR und zum anderen Personal Branding zu betreiben. Meinen Bekanntheitsgrad als Person und Coach – Martina Hautau – zu steigern. Gleichzeitig nutze ich Twitter, um mein Netzwerk zu vertiefen, zu intensivieren und zu erweitern.

Im Juni 2009 richtete ich zusätzlich für die beiden von mir auf Xing moderierten Gruppen „Esoterik sichtbar" und „Vitamin B" noch spezielle Twitter-Accounts ein. Mein Bestreben ist es dabei, die Gruppen lebendig zu halten und den Bekanntheitsgrad und dadurch den Mitgliederzuwachs zu steigern.

Dieser Ansatz ist bisher sehr gut gelungen. Des Weiteren möchte ich die Vernetzung im Netz zwischen Twitter und Xing und anderen Social Networks vereinfachen und aktueller halten.

Auf meinem Account @sichtbar poste ich jeden Tag einen speziellen Gedanken. Dieser regt Menschen zum Nachdenken an und hat den netten Nebeneffekt, dass ich mittlerweile sehr viele Re-Tweets bekomme.

Waren Sie vor Twitter bereits in anderen Social-Networking-Seiten engagiert? Wie verbinden Sie sie eventuell miteinander?

Ja, seit Januar 2006 bin ich auf Xing aktiv und baue dort mein Netzwerk auf. Gleichzeitig bin ich bei allen anderen relevanten Netzwerken, wie Facebook, YouTube und Co. auch präsent. Meine Fokussierung bezieht sich aktuell nur auf Twitter und Xing. Alle anderen Social Networks laufen nur nebenher und werden nicht aktiv von mir gepflegt oder genutzt. Hier habe ich ein Profil, baue so meine Corporate Identity weiter aus und lenke immer wieder auf die beiden aktiven Seiten. Durch die Tatsache, dass ich in beiden Netzwerken sehr präsent bin, entwickelt und baut sich Vertrauen zwischen den einzelnen Netzwerkpartnern und Kontakten auf, ein Gefühl von „Die kenne ich!" entsteht. Ich treffe gerne „digitale" Bekannte in anderen Netzwerken wieder und liebe den Sprung von der virtuellen in die reale Wirklichkeit.

Haben Sie sich Ziele für Ihre Twitter-Nutzung gesetzt? Eventuell Follower-Anzahl?

Zu Beginn noch nicht. Doch während der Erforschung und meiner wachsenden Erfahrung mit Twitter kam dann im Laufe der Zeit die persönliche Zielsetzung hinzu. Mein Ziel ist es, bis Ende 2009 auf allen meinen Twitter-Accounts 5.000 deutschsprachige und relevante Follower zu haben.

Wie haben Sie Ihr Twitter-Netzwerk aufgebaut?

Zu Beginn habe ich mir thematisch affine Accounts gesucht und mir dort die entsprechenden, für mich interessant erscheinenden Follower ausgesucht. Diesen bin ich dann gefolgt. Gleichzeitig habe ich die sogenannten „Influenzer" der TOP 100 angeschaut und habe mir dort thematisch passende Follower gesucht, denen ich dann gefolgt bin. Weiterhin waren für mich gezielt weibliche Twitter-User interessant, Mitarbeiter aus Vertriebs-Unternehmen sowie Coaching-Interessierte.

Haben Sie Ihren Twitter-Account speziell beworben? Wenn ja, wie?

Ja, über den Faktor „Vernetzt-im-Net(z)"! Ich habe meine Twitter-Accounts bei Xing und den von mir moderierten Gruppen bekannt gemacht. In meinem Blog www.sicht-bar.in und in meiner E-Mail-Kommunikation mit eingesetzt.

Vernetzen Sie bereits Online- und Offline-Marketing/PR miteinander?

Nein, bisher noch nicht. Bei meinen neuen Visitenkarten wird aber sicherlich einer meiner Twitter-Accounts mit draufstehen.

Wie nutzen Sie Ihren Twitter-Account für Ihre Kommunikation im Web 2.0?

Ich gebe Informationen zu allgemeinen Themen über meine Twitter-Accounts an meine Follower. Stelle Fragen und bekomme Antworten, um mit neuen Menschen ins Gespräch zu kommen. Gleichzeitig suche ich mir selbst auch immer Fragen oder Tweets, die mich selbst ansprechen und interessieren. Die beantworte ich dann oder re-tweete sie auch schon mal. Eine Umfrage unter meinen Followern habe ich bisher durchgeführt, das Ergebnis war jedoch nicht ganz zufriedenstellend. Zukünftig will ich Twitter noch intensiver zur Kommunikation nutzen und neue Kontakte gewinnen, um diese dann auch im realen Leben kennenzulernen.

Welche speziellen Twitter-Zusatz-Applikationen nutzen Sie bisher?
Die Twitter Fox-Applikation für den Mozilla Firefox Browser, spitweet.com, twitpic.com und twhirl.com.

Worin liegt für Sie der größte Nutzen im Corporate Twittering und Ihrer Präsenz auf Twitter?
Der größte Nutzen in der Nutzung von Twitter ist für mich das Personal Branding, also aus mir eine Marke zu machen und diese Marke in kürzester Zeit kostenlos über Twitter bekannt zu machen. Mir geht es darum, im Netz aufzufallen. Der weitere sehr angenehme Nutzen ist für mich, dass ich mittlerweile ein bundesweites Netzwerk über Twitter geschaffen habe. So bin ich, egal in welche Stadt ich reise oder wo ich gerade coache, keine Fremde mehr. So mache ich kurz vorher über Twitter bekannt, in welcher Stadt ich mich von wann bis wann aufhalte, und bekomme so unmittelbar Feedback, wer wann kann und Lust hat, mich zu treffen oder auch mal real kennenzulernen. So schaffe ich es, meine digitalen Kontakte und Follower auf Twitter mit ins reale Leben zu überführen und zu verknüpfen.

Twitter ist ein internationaler MicroBlogging-Dienst, in dem die meisten Mitglieder bisher noch aus den englischsprachigen Ländern kommen. Glauben Sie, dass kulturelle Unterschiede im digitalen Leben eine Rolle spiele? Und wenn ja, warum?
Ja, sie spielen eine Rolle! Die Deutschen tun sich schwerer im Twittern, weil sie auf Twitter keine klaren Strukturen finden. Zum einen sind die Deutschen zurückhaltender damit, etwas Persönliches von sich preiszugeben, zum anderen denken sie noch sehr stark schwarz-schweiß. Entweder twittern sie über rein Geschäftliches oder nur über Privates. Eine Verschmelzung und Vermischung habe ich bisher sehr selten erlebt. Sie sind noch nicht locker und spielerisch genug und müssen die digitale Leichtigkeit des Seins, den Umgang mit anderen in der neuen Social-Media-Welt erst noch lernen.

Wie gehen Sie mit negativer Kritik gegen Ihr Unternehmen auf Twitter um?

Gar nicht. Bisher habe ich noch keine erhalten!

Welchen Rat würden Sie anderen Unternehmen geben, die Twitter für die Unternehmenskommunikation im Web 2.0 einsetzen wollen?

1. Genau überlegen, was sie twittern wollen!

2. Für was sie wirklich stehen! Fachkompetenz klar sichtbar machen.

3. Menschlich twittern! Ich muss spüren, dass ein Mensch hinter dem Twitter-Account sitzt und keine Maschine.

4. Kein Info-Overflow: keine 30 Tweets in 2 Minuten! Lieber ein Thema täglich aufgreifen und dieses thematisch über 10 bis 20 Tweets im Abstand von ein bis zwei Stunden über den ganzen Tag verteilen!

Was haben Sie bisher durch Ihre Unternehmens-Präsenz auf Twitter gelernt? Bitte geben Sie uns fünf Tipps, die Sie für besonders wichtig halten.

1. Keinen Info-Overflow herstellen!

2. Nie den gleichen Tweet über mehrere Accounts gleichzeitig twittern!

3. Mencheln! Enge und menschliche Kommunikation!

4. Zwischenzeitlich immer mal wieder die eigene Twitter-Strategie überprüfen, ob sie stimmig ist!

5. Twitter-Account-Hygiene: Spam-Accounts und Nervensägen entfernen!

Wie würden Sie aus Ihrer Sicht Twitter jemandem beschreiben, der noch nie etwas davon gehört hat?

Twitter ermöglicht eine schnellstmögliche Vernetzung mit neuen, interessanten Menschen. Es unterstützt dabei, sich im Netz bekannt und auf sich aufmerksam zu machen. Sie lernen, sich kurzzufassen und die Dinge auf den Punkt zu bringen, denn Sie haben dafür nur 140 Zeichen zur Verfügung! In der Kürze liegt die Würze!

Wie sehen Sie die Zukunft und Bedeutung von Twitter innerhalb des Web 2.0?

Weiterhin rasantes Wachstum, und Twitter wird für Geschäfte/Selbstständige unumgänglich sein. Einfachste Form, in kürzester Zeit zu seiner Fangemeinde zu kommen. Es wird zukünftig die leichteste Form der Akquise und PR sein. Die Zeit dazu hat jeder!

Wie viel Zeit investieren Sie täglich/wöchentlich in Twitter?

Zusammen circa 1,5 Stunden pro Tag, verteilt auf drei Mal 30 Minuten.

Kontakt:

Martina Hautau, Die Sichtbar-Macherin

twitter.com/sichtbarmachen

6.2 Wie die Wellness-Branche Kunden anzieht

Im Gespräch mit Ernst Crameri, Crameri-Naturkosmetik GmbH

Ernst Crameri ist Wellness-Unternehmer, Erfolgscoach, Unternehmensberater, Innovator und Autor von 26 Business-Büchern sowie gern gebuchter Sprecher auf Kongressen und Seminaren.

Immer wieder hat er in seinem Leben bewiesen, dass er scheinbar unmögliche Dinge möglich machen kann. Er lebt seine Träume. Unter anderem ist er Erfinder des ersten „Wellness-Zuges", der „Doggy-Wellness", der „Baby-Wellness" sowie der „Höchsten Schönheitsfarm der Welt" und vieler weiterer außergewöhnlicher Trendsetter-Behandlungen von Kopf bis Fuß.

Wie lange nutzen Sie Twitter schon und für welche Zwecke? Wie viele Follower haben Sie aktuell?

Ich habe im Mai 2009 zu twittern begonnen. Ich twittere über folgende Haupt-Accounts @123millionen (2.059 Followers), @123reichtum (2.610 Followers), @ab80jahre (3.161 Followers), @abschiedszitate (2.071 Followers), @adler_oder_huhn (3.580 Followers), @alibigeschichte (2.002 Followers), @buchverlag (1.474 Followers), @erfolgscoaching (1.244 Followers), @ErnstCrameri (2.083 Followers), @fusspflege (2.748 Followers), @Milliardaer (2.734 Followers), @money_coach (2.042 Followers), @perfektionismus (1.684 Followers), @Stille_Stunde (1.837 Followers), @Wellnesspapst (2.639 Followers), Stand 06.08.2009.

Ich nutze Twitter, um anderen Menschen einen hohen Nutzen zu bieten, indem ich interessante Tipps, Zitate und allgemeine Informationen twittere. Und natürlich auch für mich persönlich, um selbst auch interessante News zu erhalten.

Waren Sie vor Twitter bereits in anderen Social-Networking-Seiten engagiert? Wie verbinden Sie sie eventuell miteinander?

Ich bin mit einem eigenen Profil bei Xing seit Februar 2006 angemeldet, nutze es aber erst seit März 2009 intensiv für meine Aktivitäten. Parallel dazu habe ich im März auch einen YouTube-Videokanal gestartet. Bei Facebook habe ich mich auch angemeldet, nutze es aber noch nicht.

Haben Sie sich Ziele für Ihre Twitter-Nutzung gesetzt? Eventuell Follower-Anzahl?

Mein ursprüngliches Ziel war es damals, als ich Twitter kennenlernte, das Profil mit den meisten Followern in Deutschland zu bekommen!

Das ist aber mittlerweile so gut wie unmöglich, nachdem Twitter seine Wachstumsgrenzen mehrmalig verändert hat. Ansonsten möchte ich so viele Follower wie möglich mit meinen Accounts erreichen. Ich habe 148 Accounts zu den unterschiedlichsten Themen angemeldet, davon werden aktuell 80 von mir über 4 PCs bedient. Zukünftig werde ich die Pflege meiner Twitter-Accounts jedoch an meine jeweiligen Mitarbeiter delegieren. Ich werde dann nur noch die Nachrichten schreiben. Weitere wichtige Accounts kommen hinzu.

Wie haben Sie Ihr Twitter-Netzwerk aufgebaut?

Ich habe mir deutschsprachige Follower über die unterschiedlichsten Suchmöglichkeiten gesucht und bin diesen dann gefolgt. Anfänglich habe ich das alles per Hand gemacht, dann bin ich aber schnell auf entsprechende Softwareunterstützung umgestiegen. (Anmerkung der Autoren: Tools wie „Hummingbird" oder tweetadder.com)

Haben Sie Ihren Twitter-Account speziell beworben? Wenn ja, wie?

Ja, über meine fünf Newsletter und meine fünf Blogs zu den Themen Allgemeines, Wellness, www.fange-endlich-an-zu-leben.de, Business und Network-Marketing. Über meine Xing-Gruppe „Fange endlich an zu leben".

Ich berichte immer wieder in meinen Newslettern und Blogs über meine Erfahrungen mit Twitter. Wie wichtig es ist, mit Twitter endlich zu starten.

Vernetzen Sie bereits Online- und Offline-Marketing/PR miteinander?

Ja, ich habe es auf allen unseren Printmedien, wie Prospekten, Flyern und Katalogen, platziert und meinen Twitter-Account auch auf meine neuen Visitenkarten drucken lassen.

Wie nutzen Sie Ihren Twitter-Account für Ihre Kommunikation im Web 2.0?

Zum einem gebe ich Tipps und Denkanregungen zu meinen speziellen Themen. Zum anderen bekomme ich dadurch auch immer Fragen zurück und steige dann in die Konversation ein. Und ab und an twittere ich auch ein spezielles Angebot.

Wenn ich auf Twitter selbst etwas Interessantes finde, re-tweete ich es auch entsprechend in meinem Netzwerk.

Welche speziellen Twitter-Zusatz-Applikationen nutzen Sie bisher?

Ich nutze die Twitter-Marketingsoftware „Hummingbird" und auch splitweet.org für die Verwaltung meiner vielzähligen Accounts.

Worin liegt für Sie der größte Nutzen im Corporate Twittering und Ihrer Präsenz auf Twitter?

Präsenz mit meinen Unternehmen auf Twitter zu zeigen und den Menschen einen hohen Nutzen mit meinen Informationen zu bieten.

Twitter ist ein internationaler MicroBlogging-Dienst, in dem die meisten Mitglieder bisher noch aus den englischsprachigen Ländern kommen. Glauben Sie, dass kulturelle Unterschiede im digitalen Leben eine Rolle spiele? Und wenn ja, warum?

Ja, die Amerikaner sind uns mal wieder um viele Jahre voraus, was die gewinnbringende Nutzung von Social Media angeht. Die Deutschen haben viel zu viele Ängste, etwas Persönliches von sich im Netz zu zeigen und verhalten sich eher abwartend. Wenn das dann endlich überwunden ist, kommt der nächste Hemmschuh „Perfektionismus" hinzu.

Wie gehen Sie mit negativer Kritik gegen Ihr Unternehmen auf Twitter um?

Ich ignoriere sie! Sollte es sich um diffamierende Aussagen handeln, wird auch der Rechtsweg eingeschlagen.

Welchen Rat würden Sie anderen Unternehmen geben, die Twitter für die Unternehmenskommunikation im Web 2.0 einsetzen wollen?

Endlich mit Twitter zu beginnen. Die Handbremse zu lösen und Vollgas zu geben! Nie mehr zu warten, bis sich etwas von alleine tut. Der Erfolg kommt ausschließlich durchs Handeln.

Was haben Sie bisher durch Ihre Unternehmens-Präsenz auf Twitter gelernt? Bitte geben Sie uns fünf Tipps, die Sie für besonders wichtig halten.

Dass es Sinn für mich macht, täglich auf Twitter präsent zu sein, mit Twitter zu arbeiten und Fragen meiner Kunden und Netzwerkpartner zu beantworten. Ich habe große Freude daran, interessante Botschaften über Twitter in die Welt zu senden und die Menschen damit zu erreichen.

1. Endlich anfangen und nicht noch länger warten!
2. Mut haben, auf Twitter zu kommunizieren!

3. *Kein Perfektionismus!*

4. *Durchhaltevermögen haben und immer am Ball bleiben!*

5. *Hohe Ziele haben und nach den Sternen greifen!*

6. *Es ist wichtig, Präsenz im Web 2.0 zu zeigen, und es wird für den beruflichen Erfolg im Rahmen der Reputationspflege immer wichtiger!*

Wie würden Sie aus Ihrer Sicht Twitter jemandem beschreiben, der noch nie etwas davon gehört hat?

Es ist ein wunderbares Kommunikationsinstrument, mit dem ich in 140 Zeichen Botschaften in die Welt senden und anderen Menschen einen hohen Nutzen bieten kann. Aktuell und sofort zu kommunizieren, ohne lange Umschweife.

Wie sehen Sie die Zukunft und Bedeutung von Twitter innerhalb des Web 2.0?

Ich sehe für Twitter eine gigantische Zukunft. Es ist das Medium der Zukunft. Es ist schnell, unkompliziert, unmittelbar und sofort von überall einsetzbar. Wesentlich schneller als zu bloggen oder Newsletter.

Wie viel Zeit investieren Sie täglich/wöchentlich in Twitter?

Täglich 2,5 Stunden bei einer Sieben-Tage-Woche.

Kontakt

Ernst Crameri, Crameri-Naturkosmetik GmbH

twitter.com/ernst_crameri

6.3 Wie außergewöhnliche Weingläser und extrem scharfe Kochmesser zu Ihnen in die Küche finden

Im Gespräch mit Helena Mantzouridis, Marketing Consultant der Agentur keen-independent agency, Hamburg

Helena Mantzouridis betreut den Twitter-Account für den agentureigenen Webshop *www.kuechengut.de*, in dem außergewöhnliche Produkte von Profis für den ambitionierten Hobbykoch angeboten werden.

Wie lange nutzen Sie Twitter schon und für welche Zwecke? Wie viele Follower haben Sie aktuell?

Ich twittere für unseren Küchengut-Account unter @KuechenGut seit dem 14. März 2009 und uns folgen aktuell 533 Follower.

Wir twittern zum einen, um den Bekanntheitsgrad unseres noch recht jungen Onlineshops zu steigern und das Gefühl für die Befindlichkeiten und Wünsche unserer Kunden zu schärfen. Zum anderen aber auch, um für uns selbst neue und trendige Produkte im Web 2.0 aufzuspüren.

Waren Sie vor Twitter bereits in anderen Social-Networking-Seiten engagiert? Wie verbinden Sie sie eventuell miteinander?

Ich persönlich bin bei Xing seit Januar 2006 mit einem eigenen Profil vertreten.

Für unseren Onlineshop ist Twitter jedoch das erste Social-Media-Profil, das wir nutzen. Eine Ausweitung ist aktuell, bedingt durch personelle Kapazitäten, nicht geplant. Parallel twittert unsere Agentur aber auch unter @keen_agency.

Haben Sie sich Ziele für Ihre Twitter-Nutzung gesetzt? Eventuell Follower-Anzahl?

Ja, schon. Wir wollten vorrangig unseren Bekanntheitsgrad im Web steigern und dadurch auch mehr Besucher auf unsere Shop-Homepage bekommen. Letztendlich auch, um mit dem erhöhten Traffic auch mehr Sales zu generieren. Das Erste ist uns bisher auch erfolgreich gelungen. Wir können feststellen, dass die Anzahl der Besucher, die über Twitter auf unseren Shop kommen, immer unter den Top 10 in der Besucherstatistik ist.

Wie haben Sie Ihr Twitter-Netzwerk aufgebaut?

Über die verschiedensten Suchfunktionen. Ich habe gezielt mit der erweiterten Suche über Twitter nach Twitter-Usern gesucht, die das gleiche Interessengebiet haben wie wir. Denen bin ich dann gefolgt und habe mir auch zusätzlich noch interessante Blogs angesehen, die twittern.

Haben Sie Ihren Twitter-Account speziell beworben? Wenn ja, wie?

Lediglich als Ergänzung in unserer E-Mail-Signatur und entsprechend in meinem Xing-Profil eingetragen.

Vernetzen Sie bereits Online- und Offline-Marketing/PR miteinander?

Bisher gab es noch keine Gelegenheit dazu. Doch wenn es sich zukünftig anbietet, werden wir die Möglichkeiten bestimmt nutzen und sie vernetzen.

Wie nutzen Sie Ihren Twitter-Account für Ihre Kommunikation im Web 2.0?

Primär nutze ich das Medium Twitter zum Aufspüren neuer Trends sowie dafür, ein Gespür für die Wünsche und Bedürfnisse der Konsumenten zu erhalten.

Indem wir auch über persönliche Dinge twittern, schaffen wir Nähe zu unseren Kunden und erreichen so eine intensivere Kundenbindung und steigern dadurch auch unseren Bekanntheitsgrad. Der pure Verkauf steht für uns nicht im Vordergrund. Auch Bewertungen zu unseren Produkten oder zu Produkten, die wir getestet haben, werden unsererseits getwittert.

Der ehrliche Dialog liegt uns besonders am Herzen.

Twitter ist aber auch ein geeignetes Tool, um Ratschläge und Unterstützung von anderen aus unserem Twitter-Netzwerk zu erhalten.

Welche speziellen Twitter-Zusatz-Applikationen nutzen Sie bisher?

Die Zusatz-Applikation Power-Twitter für den Mozilla Firefox Browser und tweetdeck.com.

Worin liegt für Sie der größte Nutzen im Corporate Twittering und Ihrer Präsenz auf Twitter?

Um immer neue Produkt-Trends für unsere Kunden aufzuspüren und um das Interesse für unsere speziellen Produkte „Von Profis für den ambitionierten Hobbykoch" zu wecken.

Es ist ein einfaches und unkompliziertes Medium, um direkt mit dem Konsumenten in einen Dialog zu treten.

Twitter ist ein internationaler MicroBlogging-Dienst, in dem die meisten Mitglieder bisher noch aus den englischsprachigen Ländern kommen. Glauben Sie, dass kulturelle Unterschiede im digitalen Leben eine Rolle spielen? Und wenn ja, warum?

Ja, die gibt es definitiv! Kommunikation hat etwas mit der Kultur der jeweiligen Menschen zu tun, und auf diese interkulturellen Differenzen sollte man sich auch im Social-Media-Umfeld einstellen und diese auch in der jeweiligen Kundenansprache berücksichtigen.

Wie gehen Sie mit negativer Kritik gegen Ihr Unternehmen auf Twitter um?

Bisher noch gar nicht, da wir bisher noch keine bekommen haben. Wenn es dazu kommt, werden wir offen und ehrlich damit umgehen und uns mit ihr auseinandersetzen. Ignorieren bringt da überhaupt nichts, höchstens das völlige Gegenteil.

Welchen Rat würden Sie anderen Unternehmen geben, die Twitter für die Unternehmenskommunikation im Web 2.0 einsetzen wollen?

Sich zu Beginn folgende Fragen zu stellen:
* *Was wollen wir als Unternehmen mit Twitter erreichen?*
* *Ist ausreichend Personal dafür vorhanden?*

Dann sollte der Corporate Twitter-Account auf jeden Fall authentisch sein. Er muss ein menschliches Gesicht haben. Und es macht keinen Sinn, nur nach der Masse der Follower zu schielen, sondern die Qualität sollte immer im Vordergrund stehen.

Was haben Sie bisher durch Ihre Unternehmens-Präsenz auf Twitter gelernt? Bitte geben Sie uns fünf Tipps, die Sie für besonders wichtig halten.

Gelernt habe ich, dass Twitter unendlich schnell ist. Es ist ein zusätzliches Tool, das in den aktuellen Marketing-Mix eines Unternehmens dazugehört.

1. Legen Sie sich ein verfügbares Zeithudget für Twitter fest.
2. Denken Sie über eine redaktionelle Agenda nach! Was will ich überhaupt twittern?
3. Lesen Sie, was Ihre Follower schreiben. So entsteht Dialog.
4. Wenn Sie mal nichts zu sagen haben, dann tun Sie es auch nicht.
5. Bringen Sie Ausdauer und einen langen Atem mit!

Wie würden Sie aus Ihrer Sicht Twitter jemandem beschreiben, der noch nie etwas davon gehört hat?
Ist im Prinzip wie SMS schreiben, nur dass die ganze Welt mitlesen kann. Ich kann Informationen viel schneller kommunizieren und Trends viel einfacher aufspüren. Oder sogar nachlesen, wenn man möchte.

Wie sehen Sie die Zukunft und Bedeutung von Twitter innerhalb des Web 2.0?
Twitter wird weiterhin, auch über Jahre hinweg, Bestand haben.

Es wird jedoch nicht ausschließlich für das Marketing relevant sein, eher wird es ein wesentlicher Bestandteil alltäglicher Kommunikation sein. Wobei der Höhepunkt des Twitter-Hypes auch noch lange nicht erreicht ist.

Wie viel Zeit investieren Sie täglich/wöchentlich in Twitter?
Täglich circa eine Stunde.

Kontakt
Helena Mantzouridis,
kuechengut.de
twitter.com/kuechengut

6.4 Wie der größte Mobilfunkkonzern der Welt, die Vodafone Group, in Deutschland twittert

Im Gespräch mit Carmen Hillebrand, Pressesprecherin von Vodafone Deutschland

 Vodafone Deutschland besteht aus den beiden Unternehmen Vodafone D2 GmbH und Vodafone AG & Co. KG (vormals Arcor), die den ersten voll integrierten Kommunikationskonzern Deutschlands bilden. Der Verbund bietet Privat- und Geschäftskunden Produkte und Dienstleistungen aus den Bereichen Mobilfunk, Festnetz, Datendiensten und Breitband-Internet aus einer Hand an. Vodafone Deutschland hat seinen Hauptsitz in Düsseldorf und beschäftigt rund 15.000 Mitarbeiter. Der Verbund ist Teil der Vodafone Group, dem nach Umsatz größten Mobilfunkkonzern der Welt.

Wie lange nutzen Sie Twitter schon und für welche Zwecke? Wie viele Follower haben Sie aktuell?

Mit dem Firmen-Account @vodafone_de sind wir am 1. April 2009 gestartet und haben mittlerweile rund 2.800 Follower.

Wir nutzen unseren Firmen-Twitter-Account als einen von mehreren Kommunikationskanälen für unser Unternehmen.

Dabei ist uns von Anfang an wichtig gewesen, ihn nicht nur als reinen Newsfeed zu nutzen. Bei uns wird deutlich, dass hier Menschen sitzen, die twittern.

Ursprünglich habe ich alleine getwittert, doch mittlerweile unterstützen mich meine Kollegen Michael Hufelschulte (mh) und Thorsten Höpken (th). Wir machen die jeweiligen Autoren von Tweets durch Kürzel (ch, mh, th,) kenntlich. So können unsere Follower immer genau sehen, wer gerade twittert.

Waren Sie vor Twitter bereits in anderen Social-Networking-Seiten engagiert? Wie verbinden Sie sie eventuell miteinander?
Twitter war für uns der erste Schritt innerhalb einer größeren Social-Media-Strategie. Am 01.07.2009 wurde zusätzlich unser Firmen-Blog (www.voda fone.de/blog) gestartet und parallel dazu Social-Media-Profile bei Facebook, MySpace, Studi-VZ und YouTube eingerichtet.

Wir verweisen auf allen unseren Social-Media-Seiten, wie zum Beispiel dem Vodafone Blog, auch auf die anderen Kanäle, jedoch benutzen wir keinen automatisierten Twitter-Bot. Die Verbindung wird jeweils situativ und mit dem nötigen persönlichen Touch hergestellt.

Haben Sie sich Ziele für Ihre Twitter-Nutzung gesetzt? Eventuell Follower-Anzahl?
Wir haben uns keine quantitativen Ziele gesetzt, sondern strategische. Ziel ist es, dass Vodafone als ein offenes Unternehmen wahrgenommen wird. Unsere Strategie heißt „Open Vodafone" und basiert auf zwei Säulen.

Die erste Säule steht für das Zuhören und Mitdiskutieren. Wir beobachten die Web 2.0-Szene intensiv und mischen uns aktiv ein. Die zweite Säule basiert darauf, sich bewusst als Unternehmen vom Markt „anfassen" zu lassen, das heißt, wir sind mit Mitarbeitern auf Web 2.0-Veranstaltungen wie BarCamps vertreten oder unterbreiten der Community das Angebot, ihre Ideen in unsere Service- und Produktentwicklung einfließen zu lassen und neue Produkte für uns zu testen.

Wie haben Sie Ihr Twitter-Netzwerk aufgebaut?

Da ich persönlich auf ein langjähriges, persönliches Netzwerk und Kontakte in der Social-Media-Szene zurückgreifen kann, habe ich mit diesen Kontakten für den Vodafone-Account begonnen.

Privat twittere ich bereits seit zwei Jahren und konnte zu Beginn einige meiner Follower für unseren Firmen-Account begeistern.

Außerdem habe ich mir gelegentlich auch spezielle Listen angeschaut, wie zum Beispiel twitternde Journalisten. Denen sind wir dann auch gefolgt. Sicherlich kann man einen Twitter-Account auch ganz bewusst pushen, indem man sich die deutschen Schlüssel-User sucht und dann den Menschen aus deren Follower-Liste folgt.

Ich denke aber dennoch, dass ein Twitter-Account organisch wachsen sollte.

Haben Sie Ihren Twitter-Account speziell beworben? Wenn ja, wie?

Nein, überhaupt nicht, und das bewusst! Wir haben weder eine offizielle Pressemitteilung dazu veröffentlicht noch in irgendeiner Weise speziell Werbung dafür gemacht.

Es hat sich sehr schnell herumgesprochen, dass Vodafone Deutschland twittert und wurde dann zum Eigenläufer. Relativ schnell kamen dadurch dann auch die ersten Interviewanfragen von PR-Fachbloggern und der PR-/Marketing-Presse.

Vernetzen Sie bereits Online- und Offline-Marketing/PR miteinander?

Wir benutzen Twitter hauptsächlich als Online-PR-Tool. Dennoch sind wir auf vielen Social-Media-Events, wie zum Beispiel BarCamps, präsent und bieten den Teilnehmern dann vor Ort recht unkompliziert an, unsere neuesten Produkte zu testen. Das begleiten wir dann vor Ort natürlich mit Twitter.

Wie nutzen Sie Ihren Twitter-Account für Ihre Kommunikation im Web 2.0?

Für uns ist es erstens ein gutes Recherche-Tool, das mittlerweile genauer und schneller ist als Google.

Zweitens dient es der direkten Kommunikation mit unseren Kunden, Bloggern etc., indem wir Fragen beantworten und Tipps über Twitter geben.

Welche speziellen Twitter-Zusatz-Applikationen nutzen Sie bisher?

Bisher nutze ich über einen separaten Laptop tweetdeck.com. Hier schauen wir uns täglich an, was über uns auf Twitter und im Web 2.0 gesprochen und „geretweetet" wird. Wobei wir noch nicht zu hundert Prozent mit den Ergebnissen zufrieden sind. Wir würden gerne ausschließlich deutsche Tweets filtern können und das funktioniert noch nicht. Was ich mir noch ansehen werde, ist cotweet.com.

Worin liegt für Sie der größte Nutzen im Corporate Twittering und Ihrer Präsenz auf Twitter?

Der größte Nutzen liegt für uns darin, dass wir uns auf Twitter als Unternehmen präsentieren können. Und das schnell und einfach.

Gleichzeitig wird das Unternehmen offen und transparenter, und wir haben somit eine Gelegenheit, eine Türe zu uns aufzustoßen und der Welt zu zeigen, wer wir sind. Wir können Einblick gewähren, wie wir funktionieren und werden dadurch greifbarer.

Als Vorbild diente uns dafür übrigens der Account der @weltkompakt, die uns über Twitter Einblick gewährt, wie es in einer Nachrichtenredaktion zugeht.

Twitter ist ein internationaler MicroBlogging-Dienst, in dem die meisten Mitglieder bisher noch aus den englischsprachigen Ländern kommen. Glauben Sie, dass kulturelle Unterschiede im digitalen Leben eine Rolle spielen? Und wenn ja, warum?

Ja, es gibt auf jeden Fall sehr große Unterschiede. In den USA gibt es zum Beispiel viel mehr twitternde Prominente wie die Schauspieler Ashton Kutcher und Demi Moore. Spannend wäre, zu erleben, was in Deutschland passierte, wenn zum Beispiel Tokio Hotel twittern würde. Das würde Twitter dann auch sicherlich bei den jüngeren Usern noch mehr Popularität einbringen.

Wie gehen Sie mit negativer Kritik gegen Ihr Unternehmen auf Twitter um?

Wenn sie sachlich formuliert wird, kümmern wir uns darum und bieten eine Lösung per Direct-Message oder über E-Mail an.

Welchen Rat würden Sie anderen Unternehmen geben, die Twitter für die Unternehmenskommunikation im Web 2.0 einsetzen wollen?

Man sollte sich generell die Fragen stellen: „Macht es überhaupt Sinn für uns, als Unternehmen zu twittern, welche Vor- und Nachteile hat es und was will ich erreichen?" Zu twittern, nur weil es gerade in Mode ist und die Medien täglich darüber berichten, ist sicherlich nicht sinnvoll und kann sogar eher schaden als nützen.

Twitter ist keine Social-Media-Strategie, sondern ein mögliches Tool für eine solche. Wenn man sich dafür entscheidet, würde ich empfehlen, einfach zu beginnen und Twitter selbst zu erleben.

Wichtig ist aber, dass man konsequent und kontinuierlich beobachtet, wie über sein Unternehmen und damit verbundene Themen im Web 2.0 geschrieben wird! Zu beachten ist auch, dass wenn ein Unternehmen eine externe Agentur beauftragt, für sie zu twittern, dieses dann auch auf dem Twitter-Account kenntlich zu machen. Denn der wichtigste Wert im Web 2.0 ist Transparenz. Wenn die eigenen Mitarbeiter twittern, erhält es ein Stück Glaubwürdigkeit.

Wovon ich persönlich abraten würde, ist einen Twitter-Account zeitlich befristet zu betreiben, zum Beispiel für eine Produkt-Promotion. Sie haben dann ein Netzwerk aufgebaut und das Produkt läuft aus. Nur, was machen Sie dann mit all den gesprächsbereiten Followern?

Wir arbeiten mit Hashtags. So haben wir zum Beispiel auch unsere Statisten für unseren aktuellen Werbespot gefunden. Der Hashtag lautete #vfdreh.

Was haben Sie bisher durch Ihre Unternehmens-Präsenz auf Twitter gelernt? Bitte geben Sie uns fünf Tipps, die Sie für besonders wichtig halten.
Die Möglichkeit und Akzeptanz, unserem Unternehmen eine persönliche Note zu geben, wird bisher gut angenommen.

Wir haben gelernt, dass wir uns noch mehr Zeit für Twitter nehmen müssen, da Reaktionsschnelligkeit im Internet sehr wichtig ist.

Und wir haben gelernt, dass wir eventuellen Gerüchten bereits im Vorfeld entgegensteuern können.

Unsere Tipps:
1. Twitter nicht als reine Werbeplattform missbrauchen.
2. Persönlich und authentisch twittern.
3. Nur einen zeitlich unbegrenzten Account für eine Firma nutzen.
4. Mit mehreren Redakteuren den Twitter-Account kontinuierlich und konsequent pflegen.
5. Das Web 2.0 ist nicht kontrollierbar!

Wie würden Sie aus Ihrer Sicht Twitter jemandem beschreiben, der noch nie etwas davon gehört hat?

Du erzählst der Welt in 140 Zeichen, was dich gerade bewegt, also eine SMS an alle.

Wie sehen Sie die Zukunft und Bedeutung von Twitter innerhalb des Web 2.0?

Ob es Twitter bleiben und weiterhin so heißen wird, hängt letztendlich davon ab, ob und wie schnell Twitter ein Geschäftsmodell auf den Markt bringen kann.

Grundsätzlich gilt, dass diese Form des Kommunikationskanals sich in der einen oder anderen Form etablieren wird und weiter an Bedeutung gewinnt. Ob sich Unternehmen dieser Entwicklung künftig widersetzen oder diese ignorieren können, bleibt abzuwarten. Für uns als Kommunikationskonzern ist es wichtig, bei diesen Trends am Ball zu bleiben und sogar Pionierarbeit zu leisten.

Wie viel Zeit investieren Sie täglich/wöchentlich in Twitter?

1,5 Stunden pro Tag. Das könnte aber noch mehr werden und ist ausbaubar!

Kontakt

Carmen Hillebrand,
Vodafone Deutschland
twitter.com/vodafone_de

6.5 Hier werden die besten Deals des Internets getwittert

Im Gespräch mit Jette Farwick, PR-Beraterin der Agentur achtung!

Jette Farwick ist für den Twitter-Account @dealhunterDE verantwortlich. Im Auftrag von eBay ist Jette als Dealhunter auf der Suche nach spannenden Deals, die via Twitter (*twitter.com/dealhunterDE*) und Facebook (*tinyurl.com/pmvfbo*) kommuniziert werden. Die Themen: Trendprodukte, echte Schnäppchen und Angebote mit tollem Preis-Leistungsverhältnis – von angesagter Mode über die neuesten Technik-Gadgets bis hin zu preiswertem Wohndesign.

Wie lange nutzen Sie Twitter schon und für welche Zwecke? Wie viele Follower haben Sie aktuell?

Privat kenne ich Twitter bereits seit drei Jahren. Ich habe mich aber erst Anfang 2008 mit einem privaten Account bei Twitter angemeldet und dann erst einmal geschaut, was alles auf Twitter stattfindet, um mich zu orientieren.

Richtig aktiv habe ich dann beruflich unter @DealhunterDE im Auftrag für eBay zu twittern begonnen. Aktuell haben wir 605 Follower, die ich täglich mit den besten On- und Offline-Deals versorge.

Ein fester, täglicher Bestandteil ist die Ankündigung unserer WOW-Angebote, die täglich auf eBay in begrenzter Stückzahl und zu besonders günstigen Preisen erhältlich sind.

Ansonsten tweete ich, was ich auf meinen täglichen Reisen durch das Twitterversum, das WWW, die Social-Media-Welt, aber auch in der realen Welt so finde. Ich poste diese gefundenen Deals dann mit entsprechenden Links und Bildern. Zusätzlich habe ich auch schon einige Kurzvideos zu den auf eBay erhältlichen WOW-Produkten gedreht und diese dann ins Netz gestellt und getwittert.

Waren Sie vor Twitter bereits in anderen Social-Networking-Seiten engagiert? Wie verbinden Sie sie eventuell miteinander?
Ja, privat mit meinen Accounts auf Xing und MySpace, den ich aber mittlerweile durch meinen Facebook-Account ersetzt habe.

Als Agentur betreiben wir sowohl den Twitter-Account als auch einen Facebook-Account, den wir parallel bearbeiten und pflegen. Alle Tweets, die wir twittern, sind auch automatisch in unserem Facebook-Account sichtbar.

Haben Sie sich Ziele für Ihre Twitter-Nutzung gesetzt? Eventuell Follower-Anzahl?
Ursprünglich hatten wir uns eher quantitative Ziele gesetzt, ich denke aber, dass es eine Mischung aus beidem ist, die einen erfolgreichen Twitter-Account ausmacht. Also durchaus quantitative Ziele, aber vor allem auch eine sehr große Portion Qualität. Was nützen einem 1.000 Follower, die alle nicht mehr aktiv sind oder einfach nur blind followen? Wir legen großen Wert darauf, dass unsere Follower uns aus Interesse folgen. Und auch der Faktor Second-Order-Follower ist wichtig – so können Botschaften in kürzester Zeit zu einem Buzz-Thema werden. Das Verhältnis von Followern und denjenigen, denen man selbst folgt, sollte außerdem ausgewogen sein.

Wie haben Sie Ihr Twitter-Netzwerk aufgebaut?

Die meisten Follower sind selbstständig auf uns aufmerksam geworden. Nur bei wenigen Kontakten habe ich selbst nach interessanten Inhalten gesucht und bin ihnen dann gefolgt.

Haben Sie Ihren Twitter-Account speziell beworben? Wenn ja, wie?

Lediglich über das interne eBay-Medientelegramm, das an Journalisten versendet wird. Und durch ein wenig Eigenwerbung über den Corporate eBay-Account @eBayDE auf Twitter. Alle Tweets werden zusätzlich auch auf dem Dealhunter Facebook Account gespiegelt, das schafft zusätzliche Aufmerksamkeit.

Vernetzen Sie bereits Online- und Offline-Marketing/PR miteinander?

Ja, wir bereiten zum Beispiel spannende Inhalte individuell sowohl für Journalisten als auch für Social-Media-Multiplikatoren auf – zum Beispiel Informationen zu besonders spannenden eBay Stores – und bieten diese dann beiden Zielgruppen an.

Wie nutzen Sie Ihren Twitter-Account für Ihre Kommunikation im Web 2.0?

Ich nutze Twitter, um die besten Deals des World Wide Webs national wie international zu kommunizieren.

Außerdem haben wir im Rahmen der WOW-Aktionswochen einige Verlosungen über Twitter durchgeführt und zu verschiedenen Themen auch Umfragen gestartet.

Zudem beantworte ich Fragen aus meinem Netzwerk zu den Deals oder führe auch gern spezielle Deal-Suchaufträge aus, die an mich gestellt werden.

Welche speziellen Twitter-Zusatz-Applikationen nutzen Sie bisher?

tinyurl.com, twittpic.com, für die WOW-Deals, die immer zur gleichen Zeit getwittert werden, nutze ich futuretweets.com. Dann twittpoll.com für die Umfragen. Den twittercounter.com, um zu sehen, wie sich mein Account entwickelt und tweetdeck.com und twhirl.com als Multi-Account-Manager.

Worin liegt für Sie der größte Nutzen im Corporate-Twittering und Ihrer Präsenz auf Twitter?

Die Nähe zu den Konsumenten und die Schnelligkeit, die dahinter steckt, wenn ich per Twitter kommuniziere. Die Unmittelbarkeit und zeitliche Nähe, die letztlich schnelle Reaktionen ermöglicht.

Twitter ist ein internationaler MicroBlogging-Dienst, in dem die meisten Mitglieder bisher noch aus den englischsprachigen Ländern kommen. Glauben Sie, dass kulturelle Unterschiede im digitalen Leben eine Rolle spielen? Und wenn ja, warum?

Ja, die gibt es sicherlich! Amerika ist da Europa einen großen Schritt voraus, was den Einsatz von Social Media und deren erfolgreiche Nutzung angeht. Dort wurde sofort erkannt, welche Vorteile diese Medien gegenüber der klassischen PR und dem Marketing bieten.

Wie gehen Sie mit negativer Kritik gegen Ihr Unternehmen auf Twitter um?

Bisher gab es keine Kritik. Ich würde aber offen und transparent mit ihr umgehen und versuchen, im persönlichen Online-Dialog Fragen zu klären und Missverständnisse aufzuklären.

Welchen Rat würden Sie anderen Unternehmen geben, die Twitter für die Unternehmenskommunikation im Web 2.0 einsetzen wollen?

*Mut haben, in die Social-Media-Richtung zu denken. Und sich darüber be-
wusst sein, dass Unternehmen nicht mehr die Kontrolle über die Botschaften
haben, wie es früher in der traditionellen Marketingwelt der Fall war. Die
Konsumenten sprechen heute ohnehin vernetzt über Produkte, Unternehmen
und Marken – diese Gespräche mit ihnen zu teilen, ist eine riesige Chance! Im
Vorfeld sollte zunächst eine genaue Marktbeobachtung erfolgen und darauf
basierend eine Strategie und Ziele festgelegt werden, die mit Twitter und
anderen Social-Media-Aktivitäten verfolgt werden.*

*Ernsthaft sein: Wer Social-Media-Marketing betreibt, muss sich zu 100 Prozent
dazu committen und darf niemals halbherzig agieren. Auch eventuelle Kritik
einplanen und sich ihr stellen, ohne unsachlich oder unhöflich zu werden.*

**Was haben Sie bisher durch Ihre Unternehmens-Präsenz auf Twitter
gelernt? Bitte geben Sie uns fünf Tipps, die Sie für besonders wichtig
halten.**
*Zunächst hatte ich ein bisschen vor der Informationsflut auf Twitter Angst.
Aber mit der Zeit habe ich gelernt zu filtern, was mir wirklich wichtig ist und
habe ein Gefühl dafür entwickelt, was für mich eher überflüssig ist.*

1. *Ruhe bewahren und nicht zu viele Informationen auf einmal posten. Wir
   wollen niemanden nerven oder mit den Informationen erschlagen.*
2. *Die Tweets sollten wertig sein und nicht aus Belanglosigkeiten bestehen.*
3. *Nie jemandem blind folgen, sondern gezielt recherchieren, welche Inhalte
   mich wirklich interessieren. Und auch Follower genau screenen und gege-
   benenfalls vorhandene Spam-Follower blocken.*
4. *Sich an den Konversationen beteiligen, aktiv in den Dialog treten. So
   baut man sich schnell ein Umfeld auf, das auf Vertrauen basiert und mit
   dem es Spaß macht zu kommunizieren.*

Wie würden Sie aus Ihrer Sicht Twitter jemandem beschreiben, der noch nie etwas davon gehört hat?

Twitter ist ein MicroBlogging-System, quasi ein kleiner Blog – allerdings hat man nur 140 Zeichen Text zur Verfügung, ähnlich wie bei einer SMS. Die Nachrichten flattern in Echtzeit herein. Ich entscheide, was ich lesen will und was nicht.

Was ich allerdings überlese, verschwindet relativ schnell irgendwo im Twitter-versum. Richtig verstehen wird man es allerdings nur, wenn man es einfach selbst testet. Entweder man liebt es oder man hasst es – würde ich sagen!

Wie sehen Sie die Zukunft und Bedeutung von Twitter innerhalb des Web 2.0?

Ich kenne aktuell kein weiteres Tool im Web 2.0, das in Kürze die gleiche Bedeutung wie Twitter erlangen könnte. Es sei denn, man entwickelt ein Tool, was einem 150 Zeichen zur Verfügung stellt ;-). Ich glaube, dass der Zenit des Twitter-Hypes noch nicht erreicht ist. Da ist noch Potenzial!

Wie viel Zeit investieren Sie täglich/wöchentlich in Twitter?

Beruflich twittere ich vier bis fünf Stunden täglich und privat zusätzlich noch mal 30 Minuten pro Tag.

Kontakt

Jette Farwick,
achtung!
twitter.com/DealhunterDE

6.6 Warum der Nasenfaktor auch beim Twittern stimmen muss

Im Gespräch mit Heide Liebmann, Positionierungs- und Marketing-Expertin aus Düsseldorf

 **Heide Liebmann** betreibt die Blogs *www.heide-liebmann.de/blog* sowie *www.twitipp.de* und ist Autorin des Buches *„Der Nasenfaktor – Wie Berater sich unverwechselbar positionieren"*. Sie berät Unternehmen und Trainer in allen Fragen einer einzigartigen und unverwechselbaren Markt-Positionierung.

Wie lange nutzen Sie Twitter schon und für welche Zwecke? Wie viele Follower haben Sie aktuell?

Ich twittere unter meinem Account @nasenfaktor seit dem 10.04.2009. Ursprünglich wollte ich von Twitter gar nichts wissen. Ich wollte mich damit nicht auch noch beschäftigen und hatte für mich entschieden, Twitter erst einmal nicht zu nutzen.

Doch allmählich twitterten immer mehr Kollegen und Netzwerkpartner. Und so habe ich mich dann mehr oder weniger spontan entschieden, mir das Ganze doch mal genauer anzuschauen, einerseits, um es kennenzulernen und mitreden zu können, und andererseits auch aus beruflichen Gründen. Schließlich will ich meinen Kunden fundierte Empfehlungen geben können.

Ich stellte schnell fest, dass mir diese Form der Kommunikation einfach großen Spaß macht. Und außerdem ermöglicht mir Twitter den Zugang zu meinen Coaching-Kollegen in einem Maße, wie es vorher nicht möglich war. Zum anderen hat es meine Blog-Besucherzahlen deutlich ansteigen lassen.

Hatte ich vor dem von mir verfassten Twitterguide „Der ultimative Newbie-Guide zur Twitter-Kompetenz" circa 150 Leser pro Tag, waren es kurz nach der Veröffentlichung circa 500 bis 600 Leser täglich. Da dieser Guide ziemlich oft verlinkt wurde, habe ich bis heute 24 Kommentare dazu erhalten. Das ist für meine Blog-Verhältnisse sehr viel. Auch meine täglichen Besucher haben sich heute auf 250 bis 300 Besucher pro Tag eingependelt, also eine knappe Verdopplung. Zusätzlich habe ich kürzlich auch einen ersten Neukunden über mein Twitter-Netzwerk gewonnen. Somit kann ich nur sagen, dass Twittern insgesamt für mich ein voller Erfolg ist.

Waren Sie vor Twitter bereits in anderen Social-Networking-Seiten engagiert? Wie verbinden Sie sie eventuell miteinander?

Ja, bei Xing gehörte ich wohl zu den sogenannten Early Adopters. Dort bin ich seit Dezember 2003 mit einem eigenen Profil vertreten. Mittlerweile bin ich zudem mit meinem eigenen Blog, den ich seit 2007 betreibe, in der Blogosphäre ebenfalls sehr gut vernetzt. Das hat dazu geführt, dass mir bereits am ersten Tag bei Twitter rund 70 Follower aus meinen bestehenden Netzwerken folgten. Gleichzeitig bin ich auch auf der Personal Branding Seite www.myonid.de sowie auf Facebook angemeldet. Ich muss aber gestehen, dass ich diese Profile noch nicht aktiv pflege. Ich suche noch nach dem zusätzlichen Nutzen, denn ich habe den Anspruch, meine Profile auch qualitativ zu pflegen und nicht als Karteileiche im Netz vor mich hinzuschlummern.

Haben Sie sich Ziele für Ihre Twitter-Nutzung gesetzt? Eventuell Follower-Anzahl?

Nein, bisher eher nicht. Nachdem ich mich recht spontan bei Twitter angemeldet hatte, nutze ich es bis heute eher spielerisch und experimentell. Ich probiere aus, was geht und was mit Twittter weniger gut funktioniert. Wenn es ein Ziel für mich auf Twitter gibt, ist es, immer qualitativ hochwertige Tweets zu posten und auf solche zu verweisen. Dadurch ergeben sich viele interessante Retweets und ich erhalte so immer wieder neue interessante Kontakte.

Wie haben Sie Ihr Twitter-Netzwerk aufgebaut?

Aufbauend auf meinen bisherigen Kontakten und der Vernetzung im Netz hat sich mein Twitter-Netzwerk sehr schnell vergrößert. Dabei nutze ich keine Automatisierungs-Tools, und dennoch folgen mir täglich im Schnitt zehn neue Follower aus meiner Zielgruppe.

Für mich zählt dabei absolut die Qualität, sowohl derjenigen, die mir folgen, wie auch die Inhalte meiner Tweets. Alles, was mit MLM, Spam und Zweideutigem zu tun hat, ent-folge ich sofort oder blocke es gleich. Genauso wenig haben Drängler bei mir eine Chance. Also diejenigen, die man ent-folgt und die dann zwei Tage wieder auf der Followerliste stehen, damit man auch ja nicht vergisst, ihnen zu folgen.

Ich schaue mir wirklich sehr genau an, wer mir folgt. Was schreibt diese Person so, wie sieht ihre Homepage aus. Aufgrund dieser Informationen entscheide ich dann, ob ich zurückfolge.

Haben Sie Ihren Twitter-Account speziell beworben? Wenn ja, wie?

Nein, nicht speziell beworben. Wie bereits beschrieben, habe ich ihn mit meinen bestehenden Profilen und meinem Blog vernetzt und ihn dort entsprechend bekannt gemacht.

Vernetzen Sie bereits Online- und Offline-Marketing/PR miteinander?

Ja, und zwar habe ich dieses Jahr erstmalig eine Sommer-Tournee angeboten und durchgeführt. Ich habe über mein Blog fünf Termine für Impulsvorträge angeboten, die meine Leser zu einem Sonderpreis buchen konnten. Diese Tournee habe ich einzig und allein über meinen Blog promotet. Alle Termine waren innerhalb von zweieinhalb Wochen ausgebucht. Meine Gastgeber kannte ich vorher nur aus virtuellen Netzwerken: als Leser meines Buchs und meines Newsletters beziehungsweise Blogs.

Darüber hinaus gehe ich natürlich zu brancheninternen Texter-Treffen sowie zu den regionalen Xing-Treffen „Düsseldorf Rhein-Ruhr", wo ich mit einer gewissen Regelmäßigkeit zu finden bin.

Was ich nun erstmalig teste, ist der Besuch des ersten Twittagessens hier in Düsseldorf. Ich würde es begrüßen, wenn daraus eine regelmäßige Institution würde.

Wie nutzen Sie Ihren Twitter-Account für Ihre Kommunikation im Web 2.0?

Ich verlinke meine eigenen Blogbeiträge sowie interessante Fachartikel oder Texte anderer Blogger. Da kann dann auch durchaus mal etwas Witziges dabei sein, wie etwa ein virales Video oder auch ein Musik-Clip.

Dann nutze ich das Twitterversum auch als Know-how-Fundgrube. Ich habe bereits in einigen konkreten Situationen sehr hilfreiche Antworten und Tipps aus meinem Twitter-Netzwerk bekommen. Teilweise ist Twitter für mich auch ein Chat-Ersatz, obwohl ich die öffentliche Timeline nicht mit privatem Geplauder überstrapazieren möchte.

Welche speziellen Twitter-Zusatz-Applikationen nutzen Sie bisher?

Twitterfox, das Browser Add-on für den Mozilla Firefox. Dann die Seite social whale.com, die eine geschützte Authentifizierung erlaubt und sich – anders als twitter.com selbst – von alleine aktualisiert, so dass in meiner Timeline immer die aktuellsten Tweets zu sehen sind. Teilweise habe ich auch mal de.splitweet.com genutzt, jetzt aber nur noch selten, da ich mich in erster Linie auf einen Twitter-Account konzentriere.

Worin liegt für Sie der größte Nutzen im Corporate-Twittering und Ihrer Präsenz auf Twitter?

Multiplikations-Instrument: *In kürzester Zeit viele neue Kontakte zu erreichen.*

Menschliche Suchmaschine: *Ich kann vielfältiges Know-how abfragen und bekomme sehr schnell eine qualifizierte Antwort.*

Produkt-Feedback: *Ich erhalte unmittelbares Feedback zu meinen Produkten und Dienstleistungen.*

Großraumbüro-Effekt: *Als Einzelkämpferin im Homeoffice ist für mich der soziale Aspekt des Verbundenseins sehr wichtig.*

Twitter ist ein internationaler MicroBlogging-Dienst, in dem die meisten Mitglieder bisher noch aus den englischsprachigen Ländern kommen. Glauben Sie, dass kulturelle Unterschiede im digitalen Leben eine Rolle spielen? Und wenn ja, warum?

Absolut. Das sehe ich schon an der Blogosphäre. Amerikaner scheinen mir insgesamt deutlich aufgeschlossener zu sein. Die Deutschen haben bisher häufig noch zu große Scheu davor, sich im Netz öffentlich zu machen und Persönliches preiszugeben. Die Amerikaner sind da viel lässiger und cooler im

Umgang mit den neuen Social-Media-Werkzeugen. Das Thema Datenschutz hat hierzulande eine wesentlich größere Bedeutung, mit allen Implikationen, positiven wie negativen.

Wie gehen Sie mit negativer Kritik gegen Ihr Unternehmen auf Twitter um?
Die gab es bisher noch nicht.

Welchen Rat würden Sie anderen Unternehmen geben, die Twitter für die Unternehmenskommunikation im Web 2.0 einsetzen wollen?
Nutzen Sie Twitter als zusätzliches Medium! Twitter gehört in der Unternehmenskommunikation einfach mit dazu. Doch nutzen Sie es intelligent. Machen Sie sich immer bewusst, dass alles, was Sie im Netz schreiben und twittern, quasi „unsterblich" ist, und auch in zehn Jahren noch auffindbar sein wird.

Was haben Sie bisher durch Ihre Unternehmens-Präsenz auf Twitter gelernt? Bitte geben Sie uns fünf Tipps, die Sie für besonders wichtig halten.

1. Intelligentes Twittern im Hinblick auf die Art und Weise, wie Sie twittern. Immer schön sachlich bleiben und nicht unter die Gürtellinie gehen oder zu emotional werden.
2. Just do it! Einfach loslegen, und Sie lernen von ganz allein, wie es geht.
3. Umschauen, lesen, lernen und Tipps von gestandenen Twitter-Usern abfragen.
4. Auf Qualität achten, sowohl im Netzwerkaufbau als auch bei den Inhalten.
5. Auf automatisierte Tools verzichten, jedenfalls wenn Sie mehr Wert auf Qualität als auf Quantität bei Ihren Followern legen.

Wie würden Sie aus Ihrer Sicht Twitter jemandem beschreiben, der noch nie etwas davon gehört hat?

Twitter ist ein zusätzlicher Kommunikationskanal, durch den Sie in 140 Zeichen das in die Welt bringen können, was Sie gerade bewegt.

Wie sehen Sie die Zukunft und Bedeutung von Twitter innerhalb des Web 2.0?

Sofern Twitter nicht von Investoren vor die Wand gefahren wird, stehen Twitter gute Zeiten bevor. Das Potenzial von Twitter und seinen Nutzen schätze ich sehr positiv ein, und dies wird gerade erst schrittweise erkannt. Ich bin allerdings gespannt, womit der Dienst mal Geld verdienen will und warte eigentlich auf das Premium-Account.

Wie viel Zeit investieren Sie täglich/wöchentlich in Twitter?

Circa vier bis sechs Stunden pro Woche.

Kontakt

Heide Liebmann, Kreative Kommunikation

twitter.com/nasenfaktor

6.7 Digitale Signaturen – auch beim Twittern

Im Gespräch mit Dr. Gerald Cäsar, CEO der xyzmo SIGNificant Gruppe, HQ: Ansfelden, Österreich, Niederlassungen in Deutschland, USA und Israel

Dr. Gerald Cäsar ist Gesellschafter und Chief Executive Officer der global agierenden xyzmo SIGNificant Gruppe, die Software-Lösungen im Bereich der digitalen Signaturen und der handschriftlichen elektronischen Unterschrift entwickelt und vornehmlich an Unternehmen der Branchen Telekommunikation, Banken, Versicherungen, Pharmaindustrie und Retail vertreibt.

Wie lange nutzen Sie Twitter schon und für welche Zwecke? Wie viele Follower haben Sie aktuell?

Meinen Account @caesar habe ich seit Januar 2009 und aktuell folgen mir 124 Follower.

Waren Sie vor Twitter bereits in anderen Social-Networking-Seiten engagiert? Wie verbinden Sie sie eventuell miteinander?

Seit März 2004 bin ich bei Xing, vormals OpenBC, registriert. Dieses Profil nutze ich für meine deutschsprachigen Geschäftskontakte. Meine internationalen Geschäftskontakte pflege ich bei LinkedIn und zusätzlich nutze ich Facebook als Portal. Des Weiteren habe ich noch Social-Media-Profile auf anderen Plattformen, auf die ich mich aber weniger konzentriere. Vernetzt habe ich Sie mit den entsprechend angebotenen Applikationen und Verknüpfungs-Tools der jeweiligen Seiten.

Haben Sie sich Ziele für Ihre Twitter-Nutzung gesetzt? Eventuell Follower-Anzahl?

Nein, keine konkreten. Aktuell nutze ich Twitter noch eher experimentell und schaue mir an, wie es sich im B2B-Umfeld weiter entwickeln wird.

Wie haben Sie Ihr Twitter-Netzwerk aufgebaut?

Bisher eher passiv. Ich habe im ersten Schritt geprüft, welche Form der Nutzung für mich als Privatperson einerseits und andererseits in meiner Eigenschaft als CEO des Unternehmens die geeignete ist. Meine Entscheidung war, die Nutzung von Twitter primär auf Geschäftliches zu beschränken und ich poste so gut wie keine privaten Details von mir als Person oder meiner Familie. Meine Follower haben mich aktiv gefunden, einigen bin ich dann ebenfalls gefolgt. Darüber hinaus folge ich aktiv renommierten internationalen Branchen-Experten aus dem Umfeld IT und Venture Capital.

Haben Sie Ihren Twitter-Account speziell beworben? Wenn ja, wie?

Nur über die bestehenden Kanäle, wie E-Mail-Signatur, unsere Homepage und alle bestehen Social-Media-Plattformen. Auf die nächste Visitenkarte kommt dann aber auch mein Twitter-Account mit drauf.

Vernetzen Sie bereits Online- und Offline-Marketing/PR miteinander?

Breit gestreutes Marketing macht für unsere speziellen Produktlösungen nur bedingt Sinn. Somit ist eine Vernetzung von Online- mit Offlineaktivitäten schwer zu realisieren.

Wie nutzen Sie Ihren Twitter-Account für Ihre Kommunikation im Web 2.0?

Als Haupt-Kommunikationskanal für tagesaktuelle, also dynamische Informationen aus unserem Unternehmen und unserer Branche. Darüber hinaus beantworten wir über Twitter natürlich auch an uns gestellte Fragen.

Welche speziellen Twitter-Zusatz-Applikationen nutzen Sie bisher?
Intensiver nur tweetdeck.com.

Worin liegt für Sie der größte Nutzen im Corporate-Twittering und Ihrer Präsenz auf Twitter?
Langfristige Präsenz für das Unternehmen im Web 2.0 für Interessenten und Kunden. Die Möglichkeit, tagesaktuelle Inhalte und Informationen schnell zu kommunizieren, steht im Vordergrund. Des Weiteren soll es Interessenten und Kunden einen zusätzlichen Kommunikationskanal zum Unternehmen geben und es letztendlich noch transparenter machen.

Twitter ist ein zeitgemäßer Kommunikationskanal, dem sich heute kein Unternehmen verwehren kann.

Twitter ist ein internationaler MicroBlogging-Dienst, in dem die meisten Mitglieder bisher noch aus den englischsprachigen Ländern kommen. Glauben Sie, dass kulturelle Unterschiede im digitalen Leben eine Rolle spielen? Und wenn ja, warum?
Ja, es gibt kulturelle Unterschiede, obwohl es wohl langfristig auf eine globale Weltkultur hinausläuft. Für meinen heute 14-jährigen Sohn ist es aktuell absolut wichtig, ein Facebook-Profil zu haben und darüber zu kommunizieren. Für ihn ist Globalsierung heute schon selbstverständlich. Dennoch wird es auch weiterhin Sprachinseln wie den deutschsprachigen Raum geben. Lokalität wird aber die Nische werden und die Globalität der Markt für alle.

Wie gehen Sie mit negativer Kritik gegen Ihr Unternehmen auf Twitter um?

Gibt es bisher noch keine. Wenn Sie auftritt, sich ihr offen stellen. Schwächen auch eingestehen und so aktiv mit Problemlösungen angehen.

Welchen Rat würden Sie anderen Unternehmen geben, die Twitter für die Unternehmenskommunikation im Web 2.0 einsetzen wollen?

Man sollte eine eigene Standortbestimmung durchführen: Was für ein Unternehmen sind wir, und in welchem Markt (B2C, B2B) agieren wir?

Twitter als Kommunikationsmedium ist von den Menschen akzeptiert und deshalb nicht mehr an sich diskutabel. Die Kommunikation über Twitter findet schlichtweg statt und gehört somit selbstverständlich zu einer zeitgemäßen Unternehmenskommunikation dazu.

Was haben Sie bisher durch Ihre Unternehmens-Präsenz auf Twitter gelernt? Bitte geben Sie uns fünf Tipps, die Sie für besonders wichtig halten.

1. Account-Hygiene: Spam und zweideutige Accounts aussortieren.

2. Nicht um des Twittern Willens twittern, also nicht zwanghaft unwichtige und uninteressante Unternehmensnachrichten twittern. Auch hier ist weniger manchmal mehr!

3. Twitter-Präsenzen lassen sich oft zusätzlich zum Primärzweck (= Ich will der Welt etwas über... mitteilen) durch Twittern von Themen aus dem privaten Erfahrungsschatz, wie Hobbys, Spezialkenntnisse etc. attraktiver gestalten.

4. Tipps von Branchen-Experten eignen sich gut zum Weitergeben über Twitter und zum Aufbau einer gewissen Reputation des eigenen Profils.

5. Möglichkeiten nutzen, um Twitter in bestehende Social Networks wie zum Beispiel Facebook zu integrieren. Dies wertet diese mit auf und macht sie „lebendiger".

Wie würden Sie aus Ihrer Sicht Twitter jemandem beschreiben, der noch nie etwas davon gehört hat?

Wie SMS an alle, die transparent auf einer Homepage für alle lesbar ist.

Wie sehen Sie die Zukunft und Bedeutung von Twitter innerhalb des Web 2.0?

Die Zukunft von Twitter ist stark davon abhängig, wie Twitter für seine Shareholder monetarisiert werden kann. Das wird die Zukunft bestimmen, da gibt es noch keine klare Antwort. Der aktuelle Relaunch zeigt den Versuch, sich als Suchmaschine für Content zu positionieren und daraus Umsätze zu generieren.

Wie viel Zeit investieren Sie täglich/wöchentlich in Twitter?

10 bis 15 Minuten täglich!

Kontakt

Dr. Gerald Cäsar,
xyzmo SIGNificant Gruppe
twitter.com/gcaesar

6.8 Event- und Marketing-Beratung über Twitter – Easy Marketing Angelika Dorsch

Im Gespräch mit Angelika Dorsch von Easy Marketing

Angelika Dorsch ist freie Marketingberaterin und Coach für Vertrieb/Marketing. Sie begleitet Veränderungsprozesse und stellt die Fragen, die den Kunden zu seinen eigenen Antworten führen.

Sie ist überzeugte Sozialdemokratin und begeisterte Social-Media-Nutzerin und bietet den einfachen Weg zum erfolgreichen Kommunizieren.

Wie lange nutzen Sie Twitter schon und für welche Zwecke? Wie viele Follower haben Sie aktuell?

Ich twittere seit 15.09.2008 unter @AngieDor. Ursprünglich motiviert durch Hubertus Heil, den Generalsekretär der SPD, der Barack Obama, den heutigen Präsidenten der Vereinigten Staaten, bei einigen seiner Wahlkampfstationen in den USA im Jahre 2008 begleitet hat und über Twitter begeistert davon berichtete. Aktuell folgen meinem Account, den ich sowohl privat als auch geschäftlich und politisch nutze, 1.020 Follower.

Ich twittere Veranstaltungen, aus denen von mir moderierten Xing-Gruppen. Ich nutze Twitter generell für Termine, Veranstaltungen und als Informationsquelle.

Im privaten Bereich habe ich Twitter auch schon mal als Reiseführer genutzt, als ich am Hamburger Hauptbahnhof stand und nicht genau wusste, welche Straßenbahnlinie ich nehmen sollte. Innerhalb kürzester Zeit hatte ich drei Antworten aus meinem persönlichen Twitter-Netzwerk und die Lösung, wo ich einsteigen sollte. Gerne re-tweete und beantworte ich Fragen, die ich so noch nicht kannte und die mich zum Nachdenken angeregt haben.

Waren Sie vor Twitter bereits in anderen Social-Networking-Seiten engagiert? Wie verbinden Sie sie eventuell miteinander?
Ja, ich bin seit 2006 bei Xing registriert. Weiterhin bin ich bei Facebook, Wer-kennt-wen, identi.ca und MeinVZ angemeldet. Meine Konzentration geht jedoch auf Twitter, Xing und Facebook und ich habe alles bestmöglich miteinander vernetzt. Ich twittere mit meinen Xing-Gruppenmitgliedern und komme so zu einer noch intensiveren Vernetzung.

Haben Sie sich Ziele für Ihre Twitter-Nutzung gesetzt? Eventuell Follower-Anzahl?
Die Follower-Anzahl ist mir unwichtig. Ich lege Wert auf interessante, passende Online-Kontakte, mit denen ich mich dann auch im realen Leben vernetze und langfristige Beziehungen aufbauen kann. Somit liegt bei dem Begriff Social Media mein Schwerpunkt bei dem Wort „Social". Mein Markenzeichen ist meine persönliche und enge Kommunikation mit meinen Kunden. Diese pflege ich auch in der digitalen Welt, und dadurch habe ich eine überdurchschnittliche hohe Weiterempfehlungsquote durch meine Kunden. Lieber ein überschaubares Kontakt-Netzwerk, dafür aber enger und sozialer.

Wie haben Sie Ihr Twitter-Netzwerk aufgebaut?
Zuerst habe ich mir natürlich die schon twitternden Genossen aus meiner Partei gesucht. Dann nach persönlichen Bekannten Ausschau gehalten. Einige sind mir auch beim Durchzappen aufgefallen, und ich bin Ihnen gefolgt. Andere wiederum habe ich durch meine Xing-Gruppen gefunden. Die meisten

bekomme ich jedoch, genau wie im realen Leben, durch Empfehlungen von meinen bestehenden Followern.

Haben Sie Ihren Twitter-Account speziell beworben? Wenn ja, wie?
Nur über Xing und in den dortigen Gruppen, in denen ich aktiv bin.

Vernetzen Sie bereits Online- und Offline-Marketing/PR miteinander?
Ja! Ich besuche BarCamps, Social-Media-Club-Treffen und auch örtliche Xing-Veranstaltungen. Und auf meinen zukünftigen Visitenkarten wird auch der Twitter-Nick stehen. Eventuell mache ich auch eine reine Social-Media-Visitenkarte.

Wie nutzen Sie Ihren Twitter-Account für Ihre Kommunikation im Web 2.0?
Ich habe meinen Blog und Twitter miteinander vernetzt und veröffentliche so auch immer über Twitter meine aktuellen Blogbeiträge. Gerne gebe ich auch meine politische Gesinnung bekannt und diskutiere über Twitter mit dem aktuellen Koalitionspartner. Bei meiner Freizeitgestaltung nutze ich Twitter als Veranstaltungskalender, um mich zu informieren, wo grade eine interessante Veranstaltung stattfindet, und teile auch mit, wo ich mich wann gerade aufhalte, um so wieder möglichst viele Twitter-User im realen Leben zu treffen.

Welche speziellen Twitter-Zusatz-Applikationen nutzen Sie bisher?
Das Power-Twitter-Plug-In für den Mozilla Firefox Browser, twhirl.org und friendfeed.com.

Worin liegt für Sie der größte Nutzen im Corporate Twittering und Ihrer Präsenz auf Twitter?
Kontakte, Kontakte, Kontakte!

Twitter gewährt mir einen sehr viel tieferen Einblick in die Befindlichkeiten der Menschen, ich erfahre sehr viel genauer, was gewollt und was abgelehnt wird. Somit kann ich potenzielle Kunden sehr gezielt ansprechen und maßgeschneiderte Lösungen anbieten. Das ermöglicht mir eine einzigartige Kundenansprache.

Twitter ist ein internationaler MicroBlogging-Dienst, in dem die meisten Mitglieder bisher noch aus den englischsprachigen Ländern kommen. Glauben Sie, dass kulturelle Unterschiede im digitalen Leben eine Rolle spielen? Und wenn ja, warum?

Ja, Amerikaner sind oberflächlicher, aber auch kommunikativer und wesentlich emotionaler in ihrer Online-Kommunikation. Sie promoten ihren Erfolg und stehen mit Begeisterung für etwas ein. In Amerika ist „Schreien" im Internet erlaubt bis gewollt, in Deutschland absolut verpönt.

Hierzulande beobachte ich meistens, dass die Menschen mir ihre Meinung aufdrängen wollen, aber kaum eine andere Meinung zulassen und akzeptieren können. Auch in der Online-Kommunikation in den sozialen Netzwerken zählen die „drei wichtigen Schritte der Kommunikation" Fragen – Zuhören – nicht Recht behalten wollen.

Wie gehen Sie mit negativer Kritik gegen Ihr Unternehmen auf Twitter um?

Bisher gab es noch keine. Jedoch ist jede Form von Kritik interessant, sofern ich sie nachvollziehen kann. Dann wird sie aufgriffen und entsprechend reflektiert.

Welchen Rat würden Sie anderen Unternehmen geben, die Twitter für die Unternehmenskommunikation im Web 2.0 einsetzen wollen?

1. Persönlich twittern.

2. *Wie in der realen Welt, so auch im Web 2.0: „Was Du nicht willst, was man Dir tu', das füg' auch keinem ander'n zu!"*

3. *Immer authentisch bleiben = Mehr zuhören als selber agieren und immer bei sich und der Wahrheit bleiben.*

4. *Jede Unwahrheit fliegt auf. Das Netz vergisst nie, und wir sind darin unsterblich.*

Was haben Sie bisher durch Ihre Unternehmens-Präsenz auf Twitter gelernt? Bitte geben Sie uns fünf Tipps, die Sie für besonders wichtig halten.

Die Tipps in der vorherigen Frage waren auch schon vor Twitter immer meine Maxime für eine erfolgreiche Kommunikation in Marketing und PR.

Ich habe durch Twitter viele neue Blickwinkel auf das Leben bekommen und konnte so mein Bewusstsein in vielen Bereichen enorm erweitern. Unbezahlbar!

Wie würden Sie aus Ihrer Sicht Twitter jemandem beschreiben, der noch nie etwas davon gehört hat?

Es ist ein Newsroom, ein Flirtroom und meine Teilebörse für unsere Oldtimer.

Twitter ist ein großer Chatroom, eine große Gemeinschaft. Ich bekomme Antworten auf Fragen, die ich noch gar nicht gestellt habe.

Wie sehen Sie die Zukunft und Bedeutung von Twitter innerhalb des Web 2.0?

Twitter wird auch in Deutschland gerade durch das Corporate Twittering weiter rasant wachsen. Twitternde Unternehmen werden immer mehr, doch die digitale Bohème wird auch weiterhin unter sich bleiben wollen.

Wie viel Zeit investieren Sie täglich/wöchentlich in Twitter?

Permanente Netz- und Online-Präsenz in der Zeit von 5.30 bis 22.00 Uhr, mit entsprechender situativer Nutzung. Bei Außenterminen twittere ich auch mobil, so wie es zeitlich möglich ist.

Kontakt

Angelika Dorsch,

EasyMarketing

twitter.com/AngieDor

6.9 Norwegen, Ostsee & Co. – twittern mit der Color Line

Gespräch mit Bernd Engel, Geschäftsführer der Agentur Le Port, die für die Color Line GmbH den Twitter-Account betreut

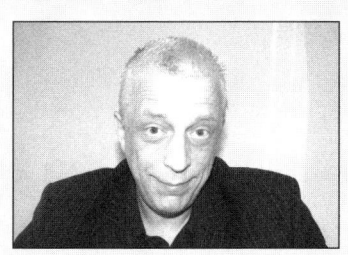

Die Color Line GmbH ist die Deutschland-Tochter der Color Line AS, die zu den führenden Passagierschiff-Reedereien in Europa zählt. Der Hauptsitz befindet sich in Oslo. Die deutsche Geschäftsführung sitzt in Kiel.

Wie lange nutzen Sie Twitter schon und für welche Zwecke? Wie viele Followers haben Sie aktuell?

Wir twittern als Agentur seit April 2009 für die Color Line GmbH unter dem Twitter-Account @colorline_de und haben aktuell etwa 620 Followers. Für die Color Line ist es ein erster Versuchsballon im Rahmen der Social-Media-Plattformen. Es gibt aber durchaus Überlegungen, das Social-Media-Engagement in naher Zukunft auf anderen Plattformen auszudehnen.

Im Mittelpunkt der Twitter-Testphase stand die Losung „Listening & Learning". Dabei haben wir Twitter genutzt, um unter anderem den Wettbewerb zu beobachten, interessante Marktinformationen zu erhalten und natürlich auch, um in den Kontakt mit Kunden und Interessenten zu treten.

Bei allem stand und steht die Qualität an vorderster Stelle. Sowohl, was die eigenen Beiträge angeht, aber auch, was Following und Followers-Verbindungen betrifft.

Waren Sie vor Twitter bereits in anderen Social-Networking-Seiten engagiert? Wie verbinden Sie sie eventuell miteinander?
Nein. Twitter ist bislang die erste Aktivität der Color Line GmbH in der Social-Media-Sphäre.

Hatten Sie sich Ziele für Ihre Twitter-Nutzung gesetzt? Eventuell Follower-Anzahl?
Ja, wir haben uns sowohl quantitative Ziele wie auch qualitative Ziele gesetzt.

Was die Follower-Zahlen angeht, so hatten wir vorsichtig mit etwa hundert Followern pro Monat kalkuliert. Am Ende ist es fast die doppelte Anzahl geworden – ohne mit irgendwelchen „Beschleunigern" nachzuhelfen. Wir sind also mit dem Zwischenergebnis sehr zufrieden.

Wie haben Sie Ihr Twitter-Netzwerk aufgebaut?
Da die Marke ‚Color Line' über einen recht hohen Bekanntheitsgrad verfügt, lag ein erster Basissockel mit Followern recht schnell vor.

Auf der Following-Seite haben wir gezielt nach Multiplikatoren, Wettbewerbern, Influencern und ausgewiesenen Norwegen- und Kreuzfahrtliebhabern Ausschau gehalten – und sind zumeist mit einem Re-Following belohnt worden.

Haben Sie Ihren Twitter-Account speziell beworben? Wenn ja, wie?
Nein. Da es sich – wie oben beschrieben – bislang um ein Projekt mit Pilotcharakter handelt, wurde der Rahmen bewusst klein gehalten.

Baut die Color Line in nächster Zeit ihr Social-Media-Engagement weiter aus, so werden alle Möglichkeiten des Audience Developments, die die etablierten Kommunikationskanäle bieten, genutzt. Zudem wird eine enge Vernetzung mit anderen populären Social-Media-Plattformen wie Facebook, Flickr, YouTube und anderen genau geprüft werden.

Vernetzen Sie bereits Online und Offline-Marketing/PR miteinander?
Nein, siehe oben.

Wie nutzen Sie Ihren Twitter-Account für Ihre Kommunikation im Web 2.0?
Twitter ist für die Color Line ein äußerst schneller Kommunikationskanal, der sich bestens eignet, kurz und knackig Mehrwert-Informationen zu liefern.

Die beiden Themenfelder, die wir über Twitter hauptsächlich bedienen, sind Norwegen und das Kreuzfahrtgeschäft der Color Line. Wir liefern hier Tipps und Empfehlungen – speziell an Norwegen-Reisende und -Interessierte.

Unter unseren Followern gibt es mindestens 40 bis 60 ausgesprochene Norwegen-Freaks, die regelmäßig nach Norwegen reisen, entsprechende Themen-Blogs betreiben oder auch häufiger Bilder in die gängigen Foto-Communitys hochladen. Hier entwickelt sich des Öfteren ein Dialog über Twitter, sei es über Direct-Messages oder auch coram publico.

Dabei werden von unserer Seite auch alle auftauchenden Fragen nach bestem Wissen und Gewissen direkt beantwortet. Oder – wenn es sich um Detailfragen oder Anregungen handelt – an die entsprechenden Fachabteilungen im Hause weitergeleitet.

Welche speziellen Twitter-Zusatz-Applikationen nutzen Sie bisher?

Wir haben da verschiedene Tools getestet. Anfänglich haben wir die Client-Software Twitteriffic genutzt. Dann waren wir eine Zeit lang mit Seesmic unterwegs. Mittlerweile nutzen wir überwiegend Hootsuite, da hier gleichzeitig eine recht präzise Erfolgsmessung gefahren werden kann.

Abbildung 18: Twitter-Account der Color Line

Worin liegt für Sie der größte Nutzen im Corporate-Twittering und Ihrer Präsenz auf Twitter?

Es gibt einen in Zahlen nur unzureichend bezifferbaren Nutzen, der sich in Inspirationen, Ideen, Tipps und Mehrwertinformationen widerspiegelt. Ich bin als Marke im direkten Kontakt und in unmittelbarer Nähe zu den Kunden und habe die Möglichkeit, im Dialog Fragen und Anregungen zu vertiefen.

Gleichzeitig gibt es über Twitter aber auch den klassischen Marketingerfolg, der sich in Click Throughs zur eigenen Website oder in konkreten Auftrags- und Kooperations-Anfragen äußert. Auch hier gab es im Rückblick auf die ersten vier Monate so manche positive Überraschung.

Twitter ist ein internationaler Microblogging-Dienst, in dem die meisten Mitglieder aus englischsprachigen Ländern kommen. Glauben Sie, dass kulturelle Unterschiede im digitalen Leben eine Rolle spielen? Und wenn ja, warum?
Der Color Line-Account wendet sich hauptsächlich an deutsche Twitter-User. Hinzu gesellen sich etwa 20 Prozent Norweger unter unseren Followern. Große Unterschiede in der Nutzung konnten wir bei diesen beiden Sprachgruppen bislang nicht feststellen.

Generell dürften die großen Social-Media-Plattformen wie Twitter, Facebook, Myspace unter anderem als globale Katalysatoren fungieren, die das User-Verhalten und die User-Kommunikation bis zu einem gewissen Grade harmonisieren.

Wie gehen Sie mit Kritik an Ihrem Unternehmen auf Twitter um?
Dieses kam bisher erst ein Mal vor. Wir sind dann in den Dialog eingestiegen und haben die Überlegungen der Color Line ruhig und unaufgeregt dargestellt. Es wird aber sicherlich auch Konstellationen geben, in denen sich das nicht immer so „glimpflich" lösen lässt.

Welchen Rat würden Sie anderen Unternehmen geben, die Twitter für die Unternehmenskommunikation im Web 2.0 einsetzen wollen?
Ein Patentrezept, das für alle Unternehmen in allen Branchen gilt, gibt es sicherlich nicht. Wir sind letzten Endes gut damit gefahren, zunächst über eine dreimonatige Testphase „mit ruhiger Hand" erste Erfahrungen zu sammeln.

Auch die Fokussierung auf Qualität, was Follower, Followings und Tweets angeht, haben wir nicht bereut.

Was haben Sie bisher durch Ihre Unternehmens-Präsenz auf Twitter gelernt? Bitte geben Sie uns fünf Tipps, die Sie für besonders wichtig halten.

Die Kommunikation über Twitter erfordert – im Vergleich zur eher monologisch ausgerichteten Kommunikation über die traditionellen Push-Kanäle – einen gänzlich anderen Stil. Wer zu werblich kommuniziert, hat schon verloren. Wer zudem noch glaubt, er müsse fehlende Originalität durch Penetration ersetzen, dem ist dann gar nicht mehr zu helfen.

Ehrlich und authentisch hält am längsten. Zudem sollte man sich eine gewisse Offenheit für alle Aktivitäten und Gedanken seiner Follower bewahren, denn da entwickeln sich bisweilen die wirklich interessanten Geschichten.

Last but not least: Langfristig und strategisch denken und am Ball bleiben. Ein Engagement auf Twitter ist kein Sprint. Es ist ein Marathonlauf.

Wie würden Sie aus Ihrer Sicht jemandem Twitter beschreiben, der noch nie davon gehört hat?

Twitter ist eine Plattform, auf der ich mich in Kurzmitteilungen zu allen Themen, die mir wichtig erscheinen, äußern kann. Andere dürfen das auch. Sind sie für mich interessant, so abonniere ich ihre Mitteilungen. Bin ich für sie interessant, so folgen sie meinen Mitteilungen.

Wie sehen Sie die Zukunft und Bedeutung von Twitter innerhalb des Web 2.0?

Die Menschen haben heute ein Grundbedürfnis nach einer schnellen und dynamischen Kommunikation, die sich durch Reduzierung auf das Wesentliche auszeichnet. Hier sehen wir den entscheidenden Vorteil von Twitter gegen-

über anderen Social-Media-Plattformen. Twitter ist ganz bestimmt kein Modephänomen wie Second Life vor einigen Jahren. Ob es allerdings in zwei Jahren immer noch Twitter heißt oder ob es bis dahin von einem anderen großen Player aufgekauft wurde? Die Kristallkugel schweigt sich aus.

Wie viel Zeit investieren Sie täglich/wöchentlich in Twitter?
Für Color Line sind wir pro Tag etwa 1 Stunde effektiv aktiv. Auf die ganze Woche gesehen sind es dann etwa 6 Stunden.

Kontakt
Bernd Engel,
Geschäftsführer der Agentur Le Port
E-Mail: bernd.engel@leport.de
Color Line GmbH,
twitter.com/colorline_de

6.10 The Grooves – wie der Popstar unter den Sprachkursen twittert

Im Gespräch mit Eva Brandecker, Inhaberin des Brandecker Media Verlages aus Düsseldorf

Eva Brandecker ist Produzentin einer Sprachkursreihe mit dem Namen „The Grooves. Der Popstar unter den Sprachkursen". Frau Brandecker hat es sich zur Aufgabe gemacht, Fremdsprachen auf spielerische und motivierende Art und Weise zu vermitteln.

Wie lange nutzen Sie Twitter schon und für welche Zwecke? Wie viele Follower haben Sie aktuell?

Ende Februar 2009 habe ich mich bei Twitter angemeldet und habe mir dann zunächst einmal 2 bis 3 Wochen lang alles angeschaut. Seitdem erschließe ich mir Twitter unter meinem Account @thegrooves, der aktuell 210 Follower hat, per Learning by Doing.

Wir bedienen zurzeit mit unserem recht jungen und innovativen Produkt eher den klassischen Buchhandel. Das klappt mit unserem Vertriebspartner digital publishing AG auch hervorragend, trotzdem fehlt uns in der Produktion ein wenig das direkte Kundenfeedback!

Unser Ziel ist es jetzt, durch unsere Aktivitäten auf Twitter mit den Kunden in den Dialog zu treten, um so besser auf die Bedürfnisse und auch Verbesserungsvorschläge unserer Kunden eingehen zu können. Zum anderen möchten wir uns mit Experten austauschen, um noch mehr über das Social-Media-Marketing zu lernen.

Waren Sie vor Twitter bereits in anderen Social-Networking-Seiten engagiert? Wie verbinden Sie sie eventuell miteinander?

Ja, bei Xing bin ich seit Oktober 2005 registriert und seit einem Jahr auch bei MeinVZ. Die Accounts bei Facebook und MySpace habe ich parallel zu dem bei Twitter angelegt. Ein Account bei YouTube wird in Kürze folgen, da wir einige Viral-Marketing-Videos vorbereiten. Eine Vernetzung, die ich aktuell häufig nutze, ist die, dass ich einzelne ausgesuchte Tweets auch in meinen Statusmeldungen bei Xing platziere und parallel auf Facebook. Bei MeinVZ habe ich Twitter per Feed integriert.

Haben Sie sich Ziele für Ihre Twitter-Nutzung gesetzt? Eventuell eine bestimmte Follower-Anzahl?

Nicht direkt. Ich habe sofort damit begonnen, Twitter und die vielfältigen Möglichkeiten Schritt für Schritt zu erkunden.

Wie haben Sie Ihr Twitter-Netzwerk aufgebaut?

Ich suche gezielt nach Schlüsselwörtern (zum Beispiel diverse Sprachen) und suche Follower, die das, was ich biete, suchen könnten oder eine Affinität zu dem haben, was wir produzieren, in den Zielgruppen. Dann folge ich noch Empfehlungen aus meinem Twitter-Netzwerk und nutze den Follow-Friday, um interessante Kontakte zu finden, die mir empfohlen werden.

Haben Sie Ihren Twitter-Account speziell beworben? Wenn ja, wie?

Gelegentlich, zunächst sporadisch. Ich habe in unserem letzten Newsletter speziell über Twitter berichtet und meinen Twitter-Account in meiner E-Mail-Signatur ergänzt. Auch habe ich ihn in Xing ausführlich kommuniziert und ihn in dem einen oder anderen Forum erwähnt. Bei MeinVZ stelle ich gezielt Beiträge in interessanten Gruppen ein.

Vernetzen Sie bereits Online- und Offline-Marketing/PR miteinander?

Da wir selbst nur Online-Marketing machen und das Offline-Marketing unserem Vertriebspartner überlassen, bisher noch nicht.

Wie nutzen Sie Ihren Twitter-Account für Ihre Kommunikation im Web 2.0?

Einmal als Intranet über einen geschlossenen Twitter-Account. Dort kommuniziere ich ausschließlich mit unseren freien Mitarbeitern. Ich gebe ihnen Deadlines, Termine und Adressen durch, was in der Praxis wirklich hervorragend funktioniert.

Dann teile ich meinen Followern in kleinen, speziellen Kampagnen mit, welche Vorteile unsere besonderen Sprachkurse haben, mache ihnen so „den Mund wässrig" und locke sie dadurch auf unsere Homepage.

Regelmäßig tweete ich etwas zu aktuellen Themen, wie zum Beispiel zum Mega-Millionen-Lotto-Gewinn in Italien, zu den Bayreuther Festspielen oder zum Bundesligastart. Aber immer mit einem klaren Bezug zu unseren Produktionen.

Momentan setze ich Twitter auch für eine Umfrage ein, was ausgesprochen gut ankommt. Ebenso kommuniziere ich direkt mit potenziellen Kunden und nutze es auch als Fortbildungsinstrument für mich persönlich, um herauszufinden, wie andere Social Media für sich anwenden.

Welche speziellen Twitter-Zusatz-Applikationen nutzen Sie bisher?

Ich verwende meist tweetdeck.com zum Posten und dann auch twtpoll.com, friendorfollow.com und natürlich twitpic.com.

Worin liegt für Sie der größte Nutzen im Corporate Twittering und Ihrer Präsenz auf Twitter?

In der Direktkommunikation mit dem Endverbraucher und Kunden! Eine opti-
male Möglichkeit, um mit der Welt in Kontakt zu treten und um Feedback zu
bekommen. Wir können so aus unserer Isolation als Produzent heraustreten
und noch besser auf die Bedürfnisse der Menschen eingehen, für die wir
unsere Sprachkurse produzieren. Aber auch zur Steigerung des Bekanntheits-
grades.

Twitter ist ein internationaler MicroBlogging-Dienst, in dem die
meisten Mitglieder bisher noch aus den englischsprachigen Ländern
kommen. Glauben Sie, dass kulturelle Unterschiede im digitalen
Leben eine Rolle spielen? Und wenn ja, warum?
Das kann ich nicht beurteilen, da ich nur mit deutschsprachigen Followern
kommuniziere. Dennoch stelle ich fest, dass der Umgang im Social Media
recht locker und ungezwungen ist, was wiederum auch sehr gut zu unseren
Produkten passt.

Wie gehen Sie mit negativer Kritik gegen Ihr Unternehmen auf
Twitter um?
Ich versuche darauf einzugehen und eine sinnvolle Alternative aufzuzeigen.
Kam aber bisher sehr selten vor.

Welchen Rat würden Sie anderen Unternehmen geben, die Twitter
für die Unternehmenskommunikation im Web 2.0 einsetzen wollen?
Es sollte sich darauf einstellen, das Twittern zeitintensiv sein kann und nicht
so nebenher geschieht.

Das Unternehmen sollte Twitter als einen von mehreren Marketing-Kanälen
ernst nehmen und nicht als Trend betrachten, den man mal eben mitmacht.
Es sollte jemand für das Unternehmen twittern, der in der Social-Media-Szene
schon etwas fit ist. Derjenige sollte offen und neugierig sein und sich konti-
nuierlich mit dem Web 2.0 und seiner Entwicklung befassen.

Man sollte vorher festlegen, was über Twitter kommuniziert werden soll. Größere Unternehmen sollten festlegen, wer twittert und welche Kompetenzen er hat. Es empfiehlt sich auch, eventuell eine Corporate Twitter-Richtlinie für die Mitarbeiter zu verfassen. Einen direkten Verkauf über Twitter sehe ich eher nicht.

Was haben Sie bisher durch Ihre Unternehmens-Präsenz auf Twitter gelernt? Bitte geben Sie uns fünf Tipps, die Sie für besonders wichtig halten.

Anfänglich hatte ich einige Berührungsängste, um auf Twitter mit den unterschiedlichsten Gruppen, wie Verlagen, Social-Media-Experten oder Spaß- und Fun-Twitterern und den Twitter-Normalos in Kontakt zu kommen und zu bleiben. Doch mittlerweile klappt das toll und völlig unkompliziert.

Meine Tipps:
1. Auch in andere Bereiche hineinschnuppern, sich überraschen lassen.
2. Seine eigene Persönlichkeit soweit wie möglich einbringen (Faktor Mensch).
3. Auf andere eingehen, re-tweeten und Fragen stellen.
4. Trotz Flexibilität ein Konzept verfolgen, Strategien planen.
5. Sich praktisch mit Applikationen organisieren, um nicht im Informationsstrudel unterzugehen.

Wie würden Sie aus Ihrer Sicht Twitter jemandem beschreiben, der noch nie etwas davon gehört hat?

Twitter bietet hervorragende Möglichkeiten, sich zu vernetzen und Freunde zu finden, und das alles in kürzester Zeit. Twitter ist mein privater Clipping-Service und Medien-Informationsdienst.

Wie sehen Sie die Zukunft und Bedeutung von Twitter innerhalb des Web 2.0?

Twitter ist sehr attraktiv, ein Hype und sehr nützlich. Ich weiß noch nicht, wohin die Reise mit Twitter geht, bin aber überzeugt, dass es sich etablieren wird.

Wie viel Zeit investieren Sie täglich/wöchentlich in Twitter?

Aktuell investiere ich sehr viel Zeit – bis zu drei Stunden täglich.

Kontakt

Eva Brandecker,
Brandecker Media Verlag
twitter.com/thegrooves

7.
Suchen und Finden: Zehn Wege, die richtigen Follower zu finden

Nachdem Sie nun schon einiges über die vielfältigen Vorteile und Nutzen von Twitter gelesen haben und auch viele positive Beispiele aus dem Unternehmensalltag kennenlernen konnten, wollen Sie nun sicherlich eine Antwort auf die brennendste Frage: *„Wie bekomme ich die richtigen Follower, die für mich und mein Geschäft interessant sind?"*

Wie Sie bei den Best-Practice-Beispielen sehen konnten, gibt es mehrere Wege, sich ein qualifiziertes Netzwerk von Twitter-Kontakten aufzubauen. Wir haben für Sie zehn der effektivsten und in der Praxis bewährten Suchmöglichkeiten aufgeführt, die Ihnen zeigen, wie Sie interessante Follower suchen und finden können. Zum Schluss dieses Kapitels finden Sie dann noch eine Übersicht der direkten Such-Befehle.

7.1 Das vorhandene Netzwerk

Beginnen wir mit dem einfachsten Weg, nämlich mit den Menschen, die Sie bereits kennen. Das funktioniert am besten über die klassische Twitter-Suche.

Hierzu gehen Sie einfach auf den Button *Find People* und geben dann dort den Namen der Person ein, die Sie suchen. Bitte beachten Sie, den Namen sowohl auseinander geschrieben als auch zusammengeschrieben einzugeben (siehe Abbildung 19).

Als Ergebnis erhalten Sie dann zum Beispiel alle Twitter-User mit dem Namen „Klaus Müller" angezeigt. Nun können Sie im zweiten Schritt Ihren Bekannten, Freund oder Arbeitskollegen *„Klaus Müller"* anklicken und in dessen Profil gehen. Wenn Sie sich sicher sind, dass Sie den richtigen Klaus Müller gefunden haben, können Sie sofort rechts neben seinem Profilnamen auf den Follow-Button klicken. Ab sofort folgen Sie seinen Tweets und sind mit ihm verbunden (siehe Abbildung 20).

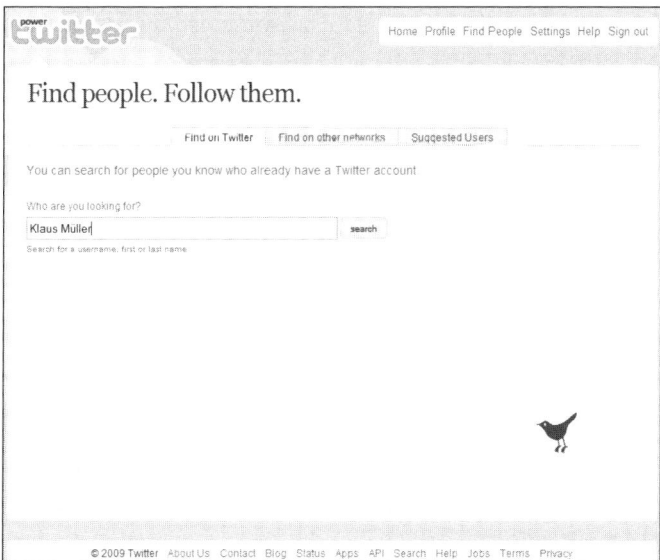

Abbildung 19:
Suchmaske
„Find People"

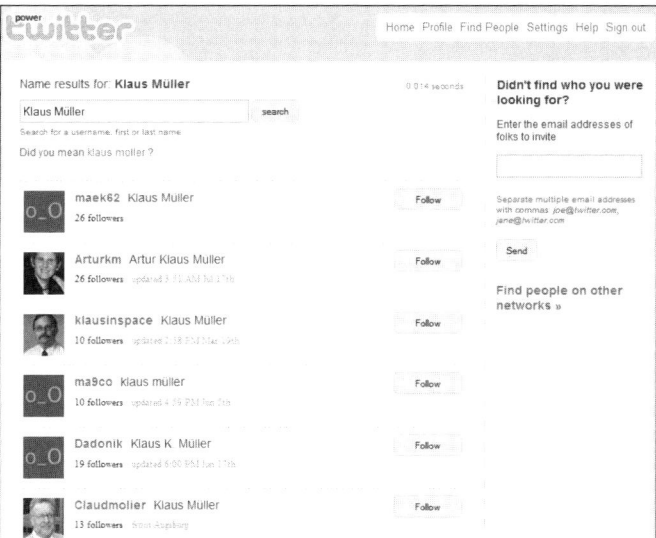

Abbildung 20:
Suchergebnis
„Klaus Müller"

Als weitere Möglichkeit bietet uns Twitter ist die Suche in anderen Services an, etwa Gmail, Yahoo oder AOL. Geben Sie dafür einfach Ihre Zugangsdaten für diese Dienste ein, und Twitter verbindet sich dann automatisch mit diesem Dienst und findet weitere Bekannte von Ihnen.

Die Registerkarte *Suggested Users* können Sie für Ihre Suche vernachlässigen. Dort schlägt Twitter ausgewählte Profile vor. Allerdings ist unklar, nach welchen Kriterien die ausgewählten User dort erscheinen. Wenn Sie sich die Vorschläge anschauen, wird schnell klar, dass dort überwiegend Prominente, bekannte Marken oder Medien-Accounts genannt werden. Diese Box ist für viele Twitter-User, die Twitter als machtvolles Marketing-Instrument begreifen, der Olymp. Wer einmal dort erscheint, kann mit 5 bis 10.000 neuen Followern täglich rechnen. Angeblich haben amerikanische Geschäftsleute bereits 500.000 US-Dollar dafür geboten, dort drei Jahre zu stehen. Sollten Sie jemals dort erscheinen, lassen Sie es uns bitte wissen!

7.2 Nach Orten suchen – Advanced Search

Mit Twitter können Sie bis auf einen Kilometer um Ihren Standort herum Twitter-User finden. Für viele Unternehmen, die ein regionales Geschäft betreiben, in dem Sie Kunden und Interessenten vor Ort oder in einem gewissen Radius erreichen wollen, ist diese Suche Gold wert.

Nehmen wir einmal an, Sie sind Inhaber einer Weinhandlung in München und möchten wissen, wer in der Stadt und im Umkreis von 100 Kilometern sich über Wein & Co. unterhält, also Interesse an Produkten zeigt, die Sie verkaufen.

Die Hauptsuche funktioniert für die registrierten Benutzer sehr einfach über die Navigation im rechten Bereich.

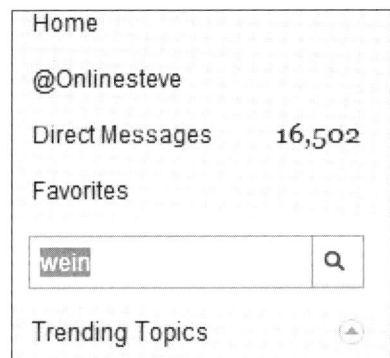

Abbildung 21:
Twitter Hauptsuchfeld
– rechte Menüleiste

Um die Advanced Search zu nutzen, gehen Sie als Erstes auf die klassische
Twitter-Suche unter *search.twitter.com*.

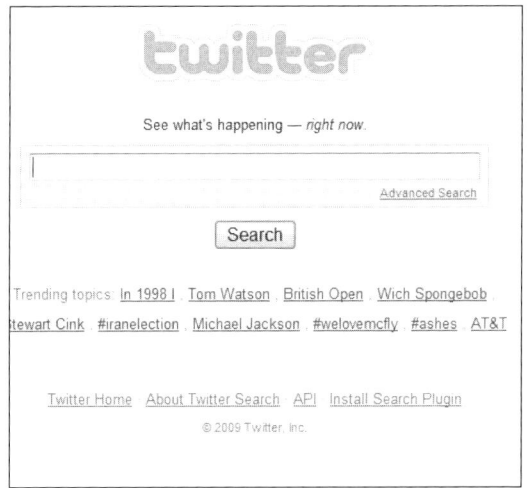

Abbildung 22:
Twitter Hauptsuche

Steuern Sie diese erweitere Suche über den Link *Advanced Search* im grauen Suchfeld an oder gehen Sie direkt auf die Seite *search.twitter.com/advanced*.

Hier haben Sie dann vielfältige und differenzierte Suchmöglichkeiten, die wir uns nun detailliert ansehen.

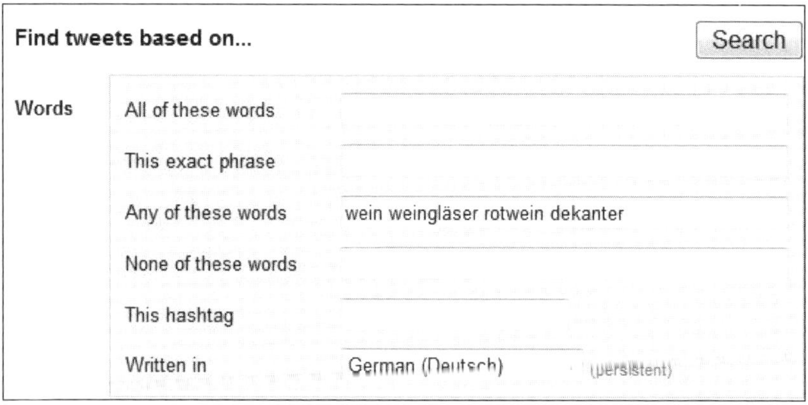

Find tweets based on...		Search
Words	All of these words	
	This exact phrase	
	Any of these words	wein weingläser rotwein dekanter
	None of these words	
	This hashtag	
	Written in	German (Deutsch) (persistent)

Abbildung 23: Twitter, erweiterte Sucheingabe nach Wörtern

All of these words:
Sucht nach Tweets, in denen alle angegebenen Wörter vorkommen, egal in welcher Reihenfolge. Sie können die Wörter einfach durch ein Leerzeichen getrennt hintereinander eingeben.

The exact phrase:
Hier sucht Twitter nach genau dieser Phrase, also nach dem kompletten Satz. Dazu müssen Sie die Wörter mit Anführungszeichen zusammenfassen. Beispiel: „Rotwein aus der Toskana".

Any of these words:

Bei dieser sogenannten „Oder-Suche" werden Tweets gesucht, in denen wenigstens eines der angegebenen Wörter vorkommt. Hier geben Sie das Zeichen „OR" ein. Beispiel: „Rotwein OR Weisswein OR Rosé".

None of these words:

Diese Suche muss mit einer anderen Suche kombiniert werden. Es werden dann alle Tweets angezeigt, in denen dieses Wort nicht enthalten ist, die den anderen Suchbegriff aber enthalten.

This hashtag:

Hier können Sie direkt ein #Hashtag eingeben. Ansonsten wird dem Suchwort automatisch das #-Zeichen hinzugefügt.

Written in:

Unter dieser Position lassen sich die Tweets in 18 verschiedenen Sprachen durchsuchen.

From this person:

Hier können Sie nach Tweets einer speziellen Person suchen. Geben Sie einfach den Nutzernamen der Person an, die den Tweet geschrieben hat.

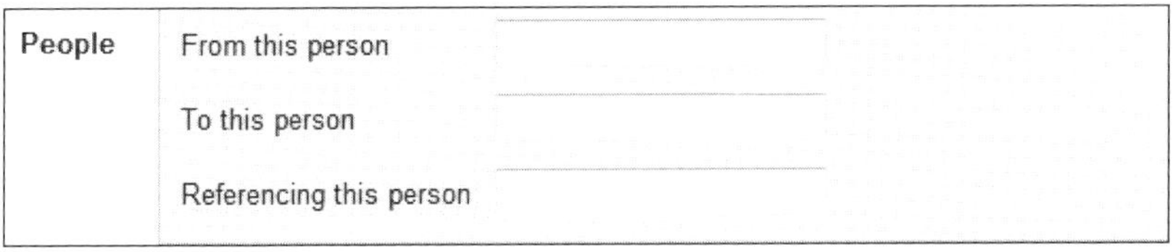

People	From this person	
	To this person	
	Referencing this person	

Abbildung 24: Twitter, erweiterte Sucheingabe nach Personen

To this person:

Sucht nach Tweets an die entsprechende Person. Geben Sie hier den Usernamen des gesuchten Twitter-Users ein.

Referencing this person:

Ähnliche Funktion wie bei „To this person". Beide Suchen spüren @Username-Nennungen auf, ob es nun direkte Replies oder Retweets sind.

Near this place:

Hier können Sie genau eingeben, welche Stadt Twitter durchsuchen soll, in unserem Beispiel also „München". Twitter verwendet hierfür die Ortsangabe aus dem Profil.

Within this distance:

Über diese Einstellung können Sie in den Schritten 1–5–10–15–25–50–100–500–1000 Meilen oder Kilometer genau suchen. So finden Sie Twitter-User in Ihrem direkten Umfeld und können mit ihnen Kontakt aufnehmen.

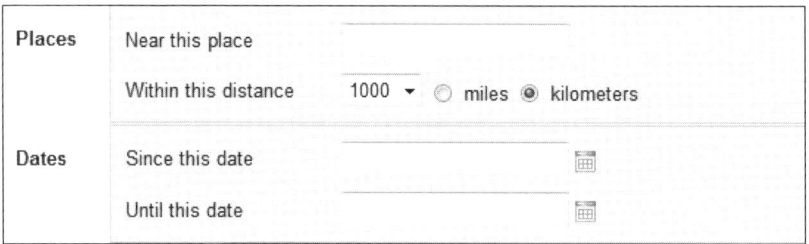

Abbildung 25: Twitter, erweiterte Sucheingabe im Umkreis

Dates:

Unter Dates können Sie Tweets aus einem bestimmten Zeitraum auswerten. Klicken Sie hier einfach auf den kleinen Kalender und wählen Sie das entsprechende Datum aus.

Wichtig: Diese Suche muss immer mit einer anderen Suchoption kombiniert werden.

Attitudes:

Hier sucht Twitter nach allen Tweets, die entweder einen positiven oder einen negativen Smiley enthalten. Suchen Sie hier nach Tweets, die ein Fragezeichen enthalten. Denn dann befragt jemand das Twitterversum. Falls diese Frage Ihre Produkte oder Dienstleistungen betrifft, können Sie sofort darauf antworten und haben so die Möglichkeit, sich direkt als Experte zu positionieren, hilfreiche Tipps zu geben und mit dem Fragesteller in Kontakt zu kommen.

Other:

Unter diesem Punkt können Sie speziell nach Tweets suchen, die Links enthalten. Auch diese Suche muss mit einer anderen Suche kombiniert werden.

Eine schöne Besonderheit der Twitter-Suche ist die Tatsache, dass sie sich im Abstand von einigen Minuten automatisch aktualisiert. So können Sie die Suche in Ihrem Browser offenhalten und bekommen immer aktuelle, frische Ergebnisse angezeigt. Gerade bei Themen, bei denen eine Live-Berichterstattung über Twitter stattfindet, ist diese Funktion eine sehr spannende Sache. Denken Sie zum Beispiel an große Sportereignisse, wie die Fußball-WM oder die Olympischen Spiele oder auch die Bundesliga, um nur einige zu nennen.

Wenn wir nun unser Suchergebnis betrachten (siehe Abbildung 26), finden wir nun Twitter-User aus München mit einem Umkreis von 100 Kilometern, die sich in den letzten Stunden über Wein & Co. unterhalten haben. Für Sie als Weinhandlungsbesitzer aus München sind das alles potenzielle und interessante Kunden, mit denen Sie über Twitter in Kontakt kommen und sie an Ihre eigenen Weine heranführen können.

Abbildung 26: Twitter, erweiterte Suche – Suchergebnis „Wein"

Wollen Sie die Ergebnisse Ihrer Suche permanent verfolgen und immer über die neuesten Ergebnisse informiert werden?

Dann sollten Sie die Ergebnisse als RSS-Feed abonnieren. Dazu klicken Sie einfach auf *Feed for this query* neben dem RSS-Symbol.

Alternativ können Sie sich natürlich auch spezielle Lesezeichen in Ihrem Browser anlegen. Möchten Sie Ihr Suchergebnis mit anderen teilen und twittern, dann geht das über den Twitter-Button unter dem RSS-Symbol.

Über *Nifty queries* ganz unten auf der Ansicht finden Sie weitere sinnvolle Such-Optionen, die Ihnen eventuell noch zusätzliche interessante Suchergebnisse liefern.

7.3 Nach Schlagworten suchen

Wie wir bereits gesehen haben, können Sie auch ganz speziell nach Schlagwörtern suchen.

Eine sehr interessante Seite hierzu ist *www.tweetag.com*. Damit können Sie die Twittersphäre nach zu Ihnen passenden Schlüsselwörtern durchsuchen. Die Ergebnisse werden schön übersichtlich angezeigt. Sie können diese sofort re-tweeten oder auch ein @reply an den jeweiligen User tweeten (siehe Abbildung 27).

Über *wefellow.com* können Sie ebenfalls über die Schlüsselwörtersuche interessante Twitter-User finden. Darüber hinaus können Sie sich selbst zu passenden Schlüsselwörtern listen lassen, um so besser gefunden zu werden (siehe Abbildung 28).

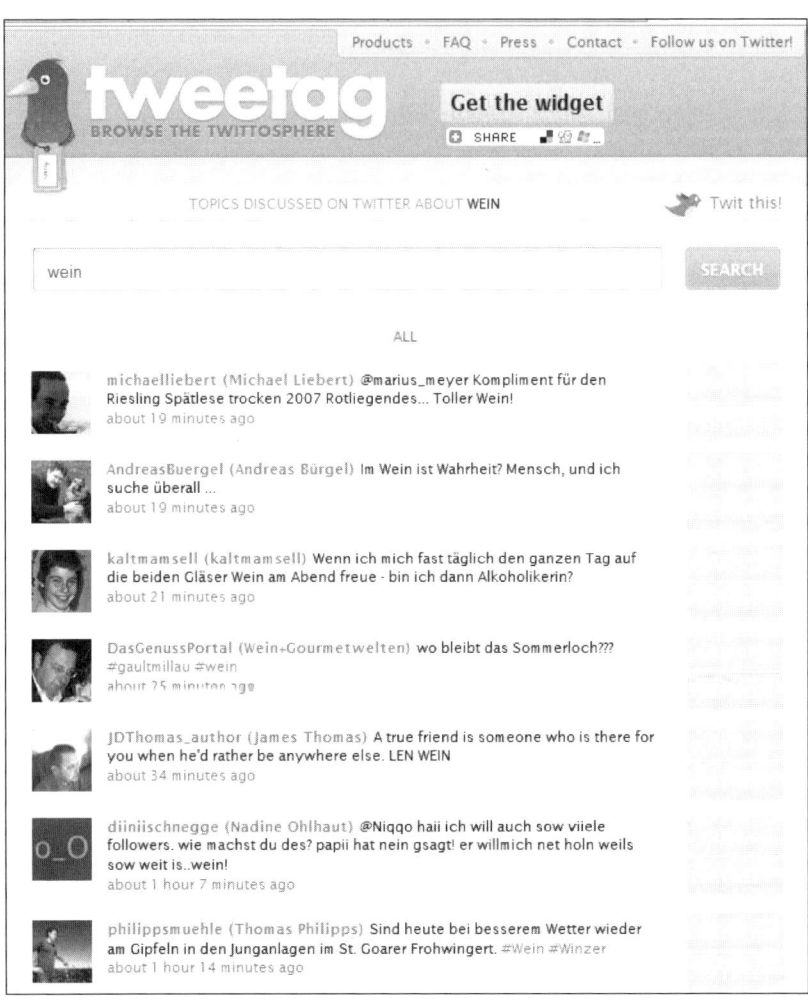

Abbildung 27: Schlüsselwortsuche *tweetag.com*

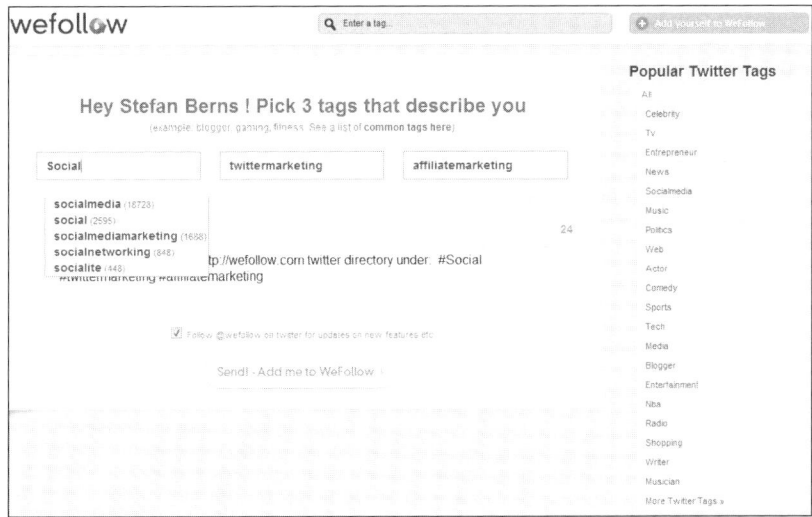

Abbildung 28: Schlüsselwortsuche *wefollow.com*

Wie Sie in der Abbildung sehen, zeigt Ihnen die Auswahl die Schlüsselwörter an, die bereits von anderen Usern zu diesem Thema getaggt wurden. So können Sie entscheiden, ob Sie einen Begriff verwenden, der noch nicht so oft benutzt wurde, oder ob Sie unbedingt unter Ihrem selbst gewählten Schlüsselwort zu finden sein möchten.

7.4 Nach Berufen oder Interessen suchen: twellow.com

Der vierte Weg, Menschen mit den gleichen Interessen zu finden, ist nach Berufsbezeichnungen und Schlüsselwörtern zu suchen. Hierzu gibt es spezielle „Gelbe Seiten", im Moment leider nur auf Englisch. Doch sicherlich wird auch hierzu bald ein deutschsprachiges Angebot zur Verfügung stehen. Eine sehr umfangreiche Seite, die sich nach unterschiedlichen Kategorien durchsuchen lässt, ist *twellow.com*, das vor allem auch für internationale Geschäftskontakte wertvoll sein dürfte.

Abbildung 29: Gelbe Seiten *www.twellow.com*

7.5 Nach Empfehlungen suchen

Was gibt es Effektiveres, als von anderen Twitter-Usern empfohlen zu werden? Und dann auch noch genau in der Kategorie, in der Sie später gerne gefunden werden möchten?

Wir alle lieben qualitative Empfehlungen von Menschen, die Experten in ihrem Fach sind und denen wir vertrauen können. Genau das ermöglicht Ihnen die deutsche Seite *tweetranking.com*.

Auf Tweetranking können Twitterer andere Twitterer empfehlen. Auf diese Weise entstehen nach Kategorien aufgeteilte Ranglisten empfohlener Twitter-User, sortiert nach der Zahl der Empfehlungen. Sollte Ihnen nicht gefallen, in welchen Kategorien Sie empfohlen wurden, so können Sie dies mit einem Klick jederzeit wieder ändern. Wenn Sie wissen möchten, von welchem Twitterer Sie empfohlen wurden, abonnieren Sie am besten den automatischen E-Mail-Benachrichtigungsdienst.

Empfehlungen lassen sich auch direkt als Tweet auf *twitter.com* oder einer Twitter-Applikation aussprechen. Der Tweet lautet dann @tweetranking @Nutzername #Kategorie.

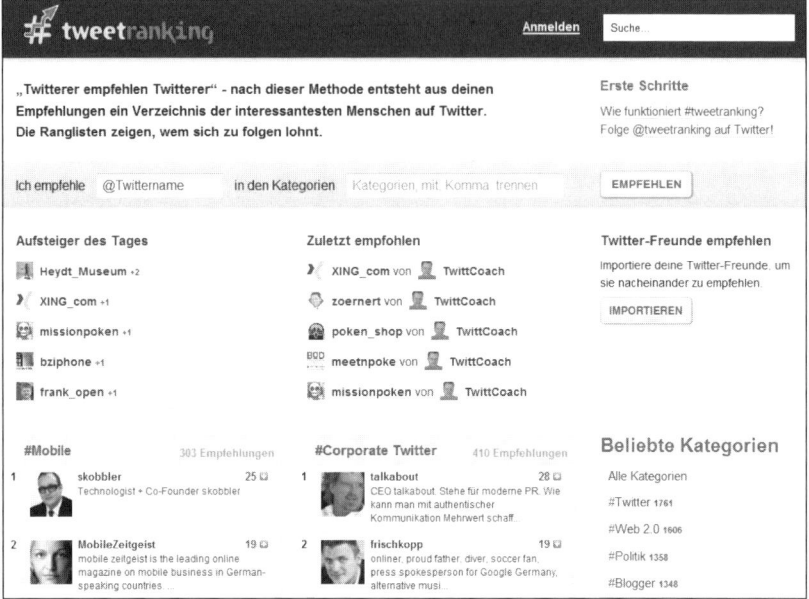

Abbildung 30: Twitter-Empfehlungen *tweetranking.com*

7.6 In Tweets suchen

Ein einfacher, wenn auch etwas zeitaufwendigerer Weg ist, Tweets Ihrer Follower zu lesen beziehungsweise sich Ergebnisse der allgemeinen Twitter-Suche nach speziellen Schlagwörtern anzeigen zu lassen und dann in die einzelnen Tweets zu gehen.

Nehmen wir als Beispiel an, dass Sie in der Finanzbranche tätig sind und Menschen suchen, die sich mit Aktien beschäftigen.

Sie geben dann in der rechten Such-Maske das Suchwort „Aktien" ein. Nun erhalten Sie alle Tweets, die sich momentan über Aktien unterhalten. Sie können sich dann anschauen, was genau das Thema ist, diesen Kontakten dann folgen oder sogar direkt in die Unterhaltung einsteigen oder Fragen stellen.

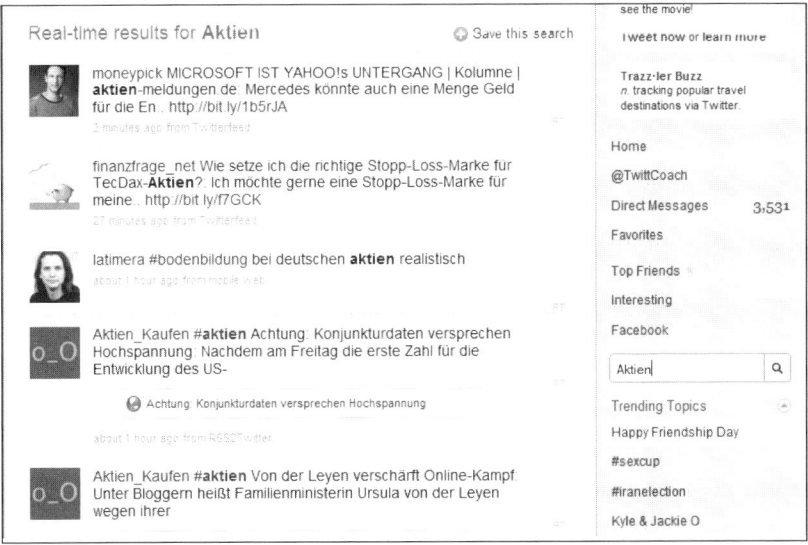

Abbildung 31: Twitter-Suchergebnis „Aktien"

7.7 #Hashtag-Suche

Ein Hashtag ist ein Schlagwort, welches bei Twitter dazu verwendet wird, einzelnen Tweets bestimmte Themenbereiche zuzuordnen.

Die Bezeichnung stammt vom Rautenzeichen „#" (Englisch Hash), mit dem ein solcher Tag eingeleitet und durch ein Leerzeichen beendet wird. Beispiel: „#hashtag" bei der Eingabe in Twitter Tweets.

Im Gegensatz zu anderen Tag-Konzepten werden Hashtags direkt in die eigentliche Nachricht eingefügt. Jedes Wort, vor dem ein Rautenzeichen steht, wird als Tag verwendet.

Anhand der Hashtags können Sie dann die Twittersphäre durchsuchen und so interessante Tweets zu den einzelnen Schlagworten finden. Teilweise finden Sie Hashtags auch in den „Trending Topics". Hashtags werden nämlich oft von einer bestimmten Gruppe mit einem bestimmten Thema verwendet.

Teilweise werden Hashtags auch verwendet, um ironische Kommentare zu Tweets abzugeben. Man stellt sie dann in einen unerwarteten Zusammenhang, der augenzwinkernd einen Ironie-Modus signalisiert.

Sie müssen einen neuen Hashtag übrigens nirgendwo anmelden oder von Twitter genehmigen lassen. Sie definieren ihn einfach und verwenden ihn dann. Oft werden jedoch auch offizielle Hashtags herausgegeben.

Besonders bei Veranstaltungen oder speziellen Gruppen ist das weit verbreitet. So können Sie Ihre Hashtags zum Beispiel für Blog-Postings und Fotos verwenden. Wir nutzen einen eigenen Hashtag für die Twitter-Markenting-Gruppe auf Xing. Alle Tweets zu dieser Gruppe finden Sie unter dem Hashtag #twmark.

Auf der Seite *hashtags.org* können Sie immer genau sehen, welche Hashtags besonders angesagt sind und aktuell verwendet werden.

Unter der Rubrik „Trends" finden Sie die aktuellen Trends der letzten sechs Stunden, des Tages, der Woche oder des aktuellen Monats. Unter „Tags" finden Sie die meistverwendeten Hashtags.

Die Liste wird zurzeit von dem Hashtag #followfriday angeführt. Sie finden hier auch ein alphanumerisches Verzeichnis mit allen je verwendeten Hashtags. Unter „People" sind alle User zu sehen, die Hashtags verwenden. Auch hier können Sie ein alphanumerisches Verzeichnis abrufen, in dem Sie User zu speziellen Themen finden können.

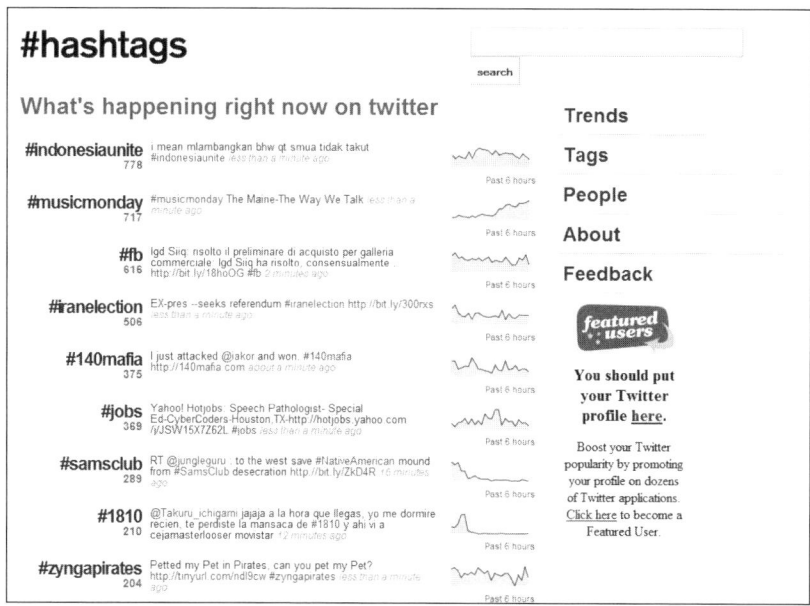

Abbildung 32: Hashtag-Übersicht *hashtags.org*

Eine weitere sehr informative Seite ist *wthashtag.com*, die Ihnen unter anderem aufschlussreiche Statistikfunktionen dazu bietet, wer einen Hashtag am häufigsten benutzt oder zu welcher Gruppe er von den Usern zugeordnet wurde.

Die Seite informiert jedoch vor allem darüber, wofür die einzelnen Abkürzungen der Hashtags stehen und wo Sie weitere hilfreiche Informationen dazu finden können.

Aktuelle deutschsprachige Hashtags finden Sie unter *www.twitter-trends. de/trend/hashtag.html*, die Ihnen auch die aktuellen deutschsprachigen Twitter-Trends in grafischer Ansicht aufbereitet.

Abbildung 33: Hashtag-Übersicht *wthashtag.com*

7.8 In Social Networks suchen

Beim Twitter-Faktor geht es im Wesentlichen natürlich um Twitter und seinen Nutzen. Doch wie Sie bei der Beschreibung und der Erklärung im Kapitel 1.1 bereits gelesen haben, geht es darüber hinaus ganz allgemein um
das Thema der digitalen Vernetzung. So sollten Sie Twitter auch niemals
als den einzigen Kommunikationskanal betrachten. Twitter ist vielmehr
das Bindeglied zwischen den vielen bereits heute existierenden Social Networks. Und deshalb ist es eine gute Idee, in anderen Social Networks nach
interessanten Twitter-Usern zu suchen, die zu Ihnen passen.

Alle großen Social Networks haben in den letzten Monaten Verbindungen zu Twitter geschaffen oder, wie StudiVZ, den Twitterstream sogar ganz integriert. Auch die größte deutsche Internet-Plattform für Geschäftskontakte, Xing, hat sich diesem Trend geöffnet. Mittlerweile hat sie viele sogenannte Social-Media-Applikationen von anderen Anbietern mit eingebunden. War es ursprünglich nur möglich, Events über einen Twitter-Button zu twittern, kann man sich seit Juni 2009 in seinem persönlichen Profil seinen individuellen „Twitter-Buzz" anzeigen lassen.

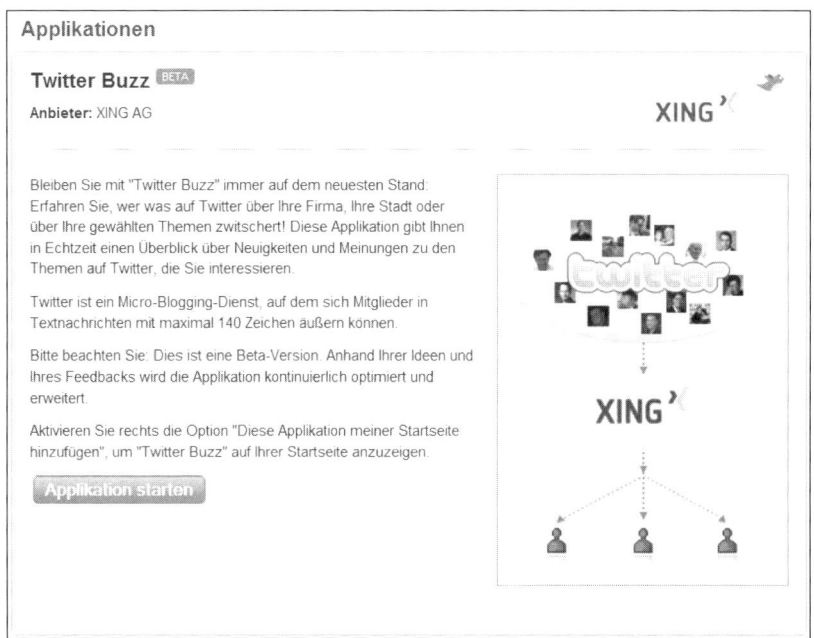

Abbildung 34: Xing-Applikation „Twitter Buzz"

So können Sie über die von Ihnen zuvor ausgewählten Schlüsselwörter zum einen Marken- und Firmen-Monitoring betreiben, zum anderen bietet sich diese Funktion auch an, um neue Follower zu finden, die zu den Themen twittern, die für Sie interessant sind.

Wer sich mit sozialen Netzwerken beschäftigt und digital unterwegs ist, stellt schnell fest, dass die Anzahl der sozialen Netzwerke permanent wächst und täglich neue Dienste hinzukommen, aktuell sind es circa 40.000 unterschiedliche Angebote.

Viele sind nützlich, andere können Sie vielleicht gar nicht gebrauchen, weil sie zu branchenbezogen sind. Für welches Netzwerk Sie sich entscheiden und dann auch aktiv sind, sollten Sie nach Ihren ganz individuellen Bedürfnissen festlegen.

Um sich einen ersten Überblick über die zurzeit im Netz existierenden sozialen Netzwerke zu verschaffen, empfehlen wir einen Blick auf *www.yiid. com*, eine deutsche Plattform. Yiid steht für „Your Internet Identity", was eigentlich alles erklärt, denn hier können Sie alle Ihre Social-Media-Profile mit einer einzigen Online-Identität verwalten.

Unter dem Button „Communipedia" finden Sie nach Schlagwörtern sortierte Communitys zu den unterschiedlichsten Fachthemen. Sie können sich diese alphabetisch, nach Bewertung der Mitglieder und nach denjenigen mit den meisten Yiid-Mitgliedern anzeigen lassen. Yiid fungiert hier praktisch als Super-Social-Media-Community, in der jedes Yiid-Mitglied mit seinen unterschiedlichen Internet-Identitäten vertreten ist. Diese Plattform bietet sich also optimal für Sie an, um im Social-Media-Dschungel den Überblick zu behalten, eine Auswahl der für Sie relevanten Netzwerke zu treffen und letztlich natürlich auch, um interessante Kontakte zu knüpfen, denen Sie dann auch auf Twitter folgen können. Eine weitere Alternative sollte hier nicht unerwähnt bleiben. Diese ist die Seite *myonid.com*, die ähnliche Funktionalitäten wie Yiid anbietet.

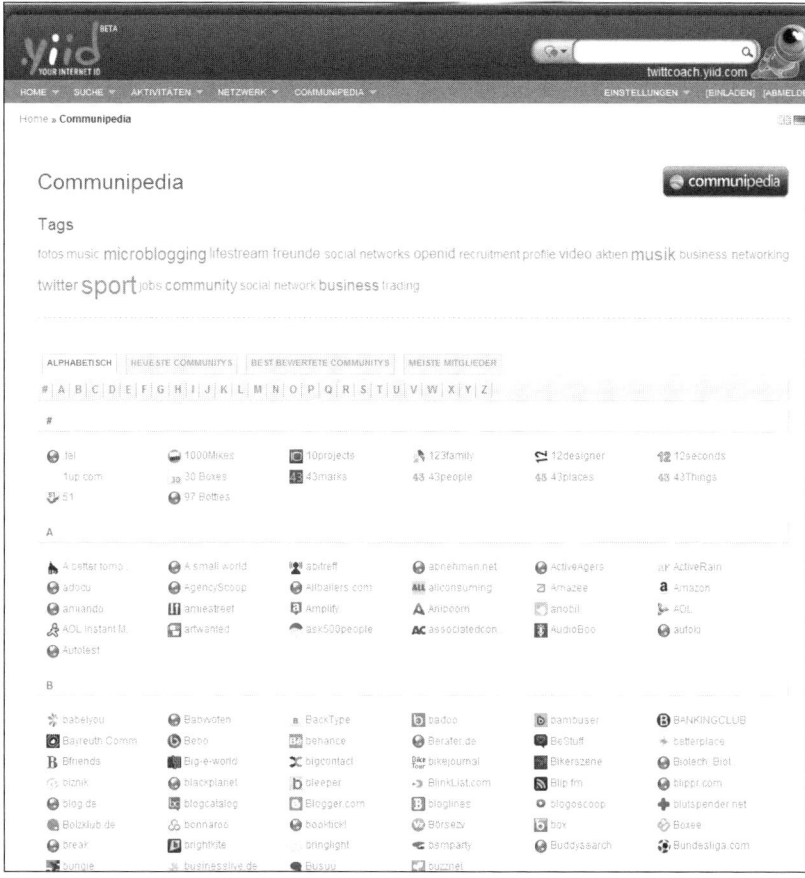

Abbildung 35: Übersicht über soziale Netzwerke *www.yiid.com*

Sollten Sie noch keine Social-Media-Profile haben oder aktiv nutzen, empfehlen wir Ihnen, sich zu Beginn auf eine überschaubare und für Ihre Zwecke dienliche Anzahl zu beschränken.

Sicherlich bedarf es anfangs einer gewissen digitalen Aufbauarbeit, doch Sie werden davon zukünftig nur profitieren. Ein guter erster Schritt ist sicherlich ein Profil auf *xing.com*, der größten deutschsprachigen Online-Business-Plattform. Wenn Sie internationale Geschäftskontakte pflegen und finden wollen, sind *linkedin.com* und auch *facebook.com*, das Netzwerk mit den aktuell meisten Mitgliedern weltweit, sinnvoll.

7.9 In Rankings suchen und finden

Da wir Deutschen ja Statistiken und Rankings jeglicher Art lieben, haben sich diese sehr schnell auch in der Twittersphäre verbreitet. Diese Rankings ermöqlichen es Ihnen natürlich auch, qualifizierte Follower in Ihrer Nische oder zu Ihren Themen zu finden. Einige dieser Listen stellen wir Ihnen hier vor.

Um die oft gestellte Frage *„Wo finde ich denn deutsche Twitter-User?"* direkt zu beantworten, fangen wir mit den deutschen Twitcharts unter *www.twit charts.de* an. Dort sind aktuell 1.894 deutsche Twitterer gelistet.

Eine andere interessante Auflistung deutschsprachiger Twitter-User ist *blog. zwitscherliste.de*. Hier finden Sie aktuell 58 Kategorien.

Inzwischen gibt es Listen zu fast allen Themenbereichen, die für den Aufbau Ihres Twitter-Netzwerkes eine wahre Fundgrube sein können. Wir haben für Sie eine Tabelle mit den derzeit umfangreichsten Listen und ihrer jeweiligen Bedeutung zusammengestellt.

Bewusst haben wir hier Listen ausgeklammert, deren Betreiber mit speziellen Ausschlusskriterien arbeiten, wie etwa, dass ausschließlich in deutscher Sprache getwittert oder nur deutschsprachigen Followern gefolgt wird. Und da keine dieser Listen je vollständig sein kann, sind uns sicher auch noch ein paar Rankings entgangen. Am besten begeben Sie sich auf die Suche oder stellen selbst eine Liste für Ihr Fachgebiet zusammen – das wird Ihnen mit Sicherheit viele neue Follower bringen.

Link	
www.twitcharts.de	Auflistung von 1.894 deutschen Twitter-Usern
blog.zwitscherliste.de	Auflistung deutscher Twitter-User in 58 Kategorien
www.fernstudientag.de/2009/02/04/liste-weiterbildung-auf-twitter-das-update-ist-fertig	Weiterbildung auf Twitter: Hochschulen, Institutionen, Dozenten
leanderwattig.de/index.php/2009/06/15/buchverlage-bei-twitter-2	Twitternde Buchverlage
drinktank.blogg.de/eintrag.php?id=2789	Twitternde Winzer
www.wissenswerkstatt.net/2009/03/12/twitternde-wissenschaftler-gibt-es-akademisches-micro-blogging	Twitternde Wissenschaftler und deren Blogs
www.weiterbildungsblog.de/2008/10/17/33-e-learning-professionals-auf-twitter	Learning Professionals auf Twitter
diegoerelebt.wordpress.com/2009/06/01/liste-twitternde-coaches-coaching-auf-twitter	Twitternde Coaches nach Städten sortiert
twitchercharts.at	Auflistung österreichischer Twitter-User

Abbildung 36: Twitter-Rankings

7.10 In der Profil-Bio suchen

Da die klassische Suche bei Twitter nur in der Timeline, also in den Tweets der einzelnen User sucht, gab es ursprünglich keine Möglichkeit, User über die Angaben in ihrer Bio zu finden. Eigentlich schade, denn dort lassen sich, unter Umständen, eine ganze Menge interessanter Informationen über den entsprechenden User entdecken. Da die Bio ja praktisch eine Kurzvorstellung ist, bietet es sich an, über die dort hinterlegten Angaben einen entsprechenden Experten, Kunden oder sogar Mitarbeiter zu finden.

Darüber hinaus sind die Informationen in der Bio wertvoll, da sie mehr Bestand haben als Suchwörter in einzelnen Tweets. So kann ich zum Beispiel per Tweet über ein Thema diskutieren, das mich nur temporär interessiert oder überhaupt nicht meinen Interessen entspricht. Taucht aber in meiner Bio ein Begriff wie zum Beispiel Skifahren auf, kann man mit einiger Sicherheit davon ausgehen, dass ich wirklich daran interessiert bin und nicht gerade über das Skifahren lästere.

Die Bio können Sie über die Seite *tweepsearch.com* durchsuchen. Diese zeigt Ihnen sowohl Ergebnisse aus der Profil-Bio als auch aus dem Benutzernamen und der Ortsangabe an.

Ich habe zum Beispiel nach der Stadt „Krefeld" gesucht und bekam als Ergebnis direkt 159 Profile angezeigt, die sich in ihrer Bio irgendwie direkt auf „Krefeld" beziehen.

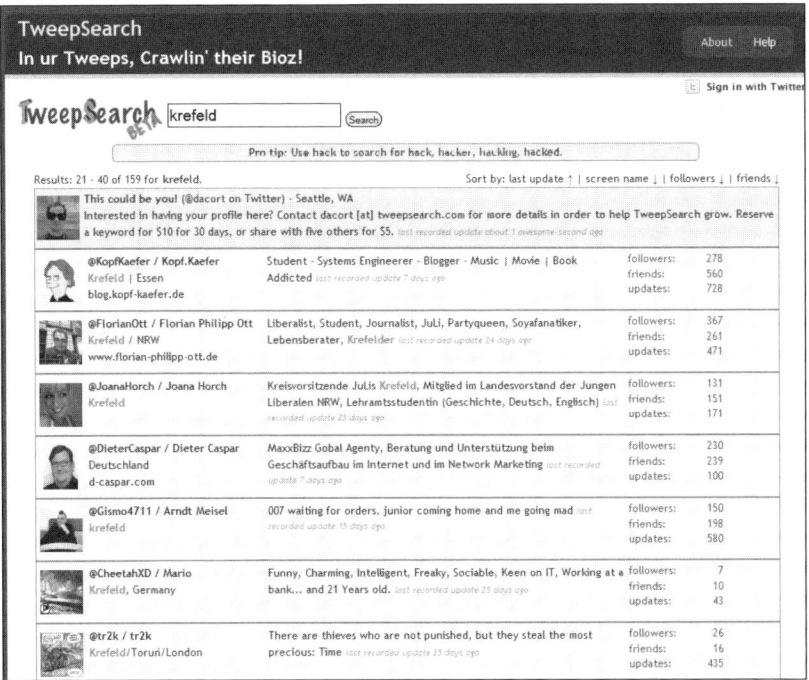

Abbildung 37: Bio Schlüsselwort-Suche *tweepsearch.com*

7.11 Direkte Suchbefehle

Neben den vielfältigen Suchmöglichkeiten in diesem Kapitel möchten wir Ihnen abschließend noch die direkten Suchbefehle vorstellen. Mit diesen Befehlen, die Sie bei der Twitter-Suche direkt eingeben können, gelangen Sie auf dem schnellsten Weg zu den entsprechenden Ergebnissen.

Befehl	Ergebnis
twitter search	Enthält sowohl „twitter" als auch „search". Das ist die automatische Voreinstellung.
„happy hour"	Enthält genau die Phrase „happy hour" zwischen den Anführungszeichen.
Liebe OR Hass	Enthält entweder das Wort „Liebe" oder „Hass".
Bier-Wein	Enthält „Bier", aber nicht "Wein".
#haiku	Enthält den Hashtag „haiku".
from:gutenmorgen	Alle Tweets von Personen, die „gutenmorgen" im Usernamen führen.
to:techcrunch	Alle Tweets, die an den User „techcrunch" gepostet wurden.
@mashable	Tweets, die auf den User „mashable" verweisen.
„happy hour" near:"hamburg"	Enthält die Phrase „happy hour" und wurde im Umkreis von „hamburg" gepostet.
near:Köln within:15mi	Wurde im Umkreis von 15 Meilen um „Köln" gepostet.
Oktoberfestsince:2009-08-07	Enthält „Oktoberfest" und wurde seit dem Datum „2009-08-07" (Jahr-Monat-Tag) gesendet.
Messe until:2009-08-07	Enhält „Messe" und wurde bis zum Datum „2009-08-07" gepostet.
Film -schrecklich :)	Enthält „Film", aber nicht „schrecklich" und ein positives Emoticon.

Befehl	Ergebnis
Flug :(	Enthält „Flug" und ein negatives Emoticon.
Autobahn?	Enthält „Autobahn" und ein Fragezeichen.
lustig filter:links	Enthält „lustig" und zeigt verlinkte URLs an.
news source:twitterfeed	Enthält „news" and wurde über die Applikation Twitterfeed gepostet.

Abbildung 38: Direkte Suchbefehle

8.
1, 2, 3, ganz viele – Profilverwaltung mit Multi-Account-Managern

Sobald Sie zu Twittern beginnen und so richtig vom Twitter-Virus infiziert sind, werden Sie schnell merken, dass es gar nicht so einfach ist, den Überblick zu behalten. Aus allen Richtungen prasseln spannende Informationen auf Sie ein.

Am Anfang mit 10 bis 100 Followern und ein paar gelegentlichen Tweets ist alles noch recht überschaubar. Doch sobald Ihre Follower-Zahlen rasant und regelmäßig steigen, werden Sie feststellen, dass Sie vor ganz neuen Herausforderungen stehen.

Wenn Ihnen dann auch noch klar wird, dass Sie mit Ihrem ersten Account alleine nicht mehr auskommen, weil der ursprünglich nur für Ihr privates Twitter-Vergnügen gedacht war, dann wird es Zeit, sogenannte Multi-Account-Manager einzusetzen. Diese sind teilweise webbasiert, laufen also auf einer Domain und einem Server, oder Sie laden die entsprechende Applikation auf Ihren Desktop oder Ihr Smartphone. Mit Hilfe dieser Plattformen und Applikationen haben Sie dann alles stets im Blick und können teilweise unlimitiert viele unterschiedliche Accounts über eine einzige Plattform verwalten. Wir haben uns der Einfachheit halber hierbei nur auf die Web- und Desktop-basierten Applikationen konzentriert.

Generell lohnt es sich, zu Beginn Ihrer Twitter-Aktivitäten zu überlegen, was Sie über Ihren Account twittern, mit wem Sie sich entsprechend vernetzen und für welchen Zweck Sie unterschiedliche Accounts einsetzen wollen. Eine Multi-Account-Strategie macht immer dann Sinn, wenn Sie mehre unterschiedliche Webseiten oder Blogs betreiben oder eine differenzierte Zielgruppe ansprechen und erreichen wollen.

So können Sie sich zum Beispiel einen ganz persönlichen Account anlegen. Dazu würde ich generell jedem raten, denn ein Twitter-Account ist wie eine Namens-Domain. Wenn sie weg ist, ist sie weg. Und bei den rasanten Wachstumszahlen, die Twitter in den letzten zwölf Monaten vorweisen konnte, wird es immer schwieriger, interessante und passende Namen zu finden. Vor allem dann, wenn sie im Rahmen einer Social-Media-Strategie alle identisch sein sollen. Wir kennen selbst einige Twitter-User, die sich bereits über hundert verschiedene Twitter-Namen gesichert haben, und jetzt darauf hoffen, dass diese ähnlich wie Domains einmal viel Geld wert sein werden, um sie dann zu verkaufen.

Für welche Einsatzzwecke macht es nun Sinn, separate Accounts anzulegen? Neben Ihrem persönlichen sollten Sie natürlich auch einen geschäftlichen Account anlegen, gleichlautend zu Ihrer Homepage oder zu Ihren Blogs. Zusätzlich sind spezielle Accounts für konkrete Marken und Produkte sinnvoll oder auch für einzelne Events und Veranstaltungen. Diese setzen Sie dann speziell für die Event-Kommunikation ein, also vor, während und nach einer Veranstaltung, wie einer Messe oder einem Kongress. Auch für spezifische Umfragen ist ein Extra-Account denkbar, den Sie dann über einen längeren Zeitraum laufen lassen können.

Wir setzen einen eigenen Twitter-Account für die Twitter-Marketing-Gruppe auf Xing ein, die wir moderieren. Dafür haben wir unter @twitt_mark einen separaten Account eingerichtet, der alle Foren-Einträge aus der Gruppe automatisch twittert. Die täglichen Updates erfolgen immer mittags um 12.30 Uhr. So brauchen die Gruppen-Mitglieder nur dem Twitter-Account zu folgen und müssen nicht extra die Gruppe besuchen, um sich aktuell zu informieren.

Achten Sie darauf, für jeden einzelnen Account eine separate, gültige E-Mail-Adresse zu verwenden und jeden Account möglichst innerhalb von maximal sechs Monaten zu aktivieren und zu benutzen. Andernfalls kann es Ihnen passieren, dass Twitter ihn mit Spam-Verdacht sperrt.

Twitter hat in den letzten Monaten seine Follower- und Spam-Regeln immer wieder angepasst und verschärft. Was ja nur in unser aller Sinn sein kann.

8.1 hootsuite.com

Einer der beliebtesten Multi-Account-Manager, der von vielen US-amerikanischen Unternehmen, wie National Geographic, Disney, FOX, der NBA oder auch Dell, eingesetzt wird, ist *hootsuite.com*, das mittlerweile schon in der Version 2.0 läuft. Man könnte fast sagen, dass hier die twitternde eierlegende Wollmilchsau programmiert wurde. Das Programm vereint wirklich eine Unmenge von Anwendungen:

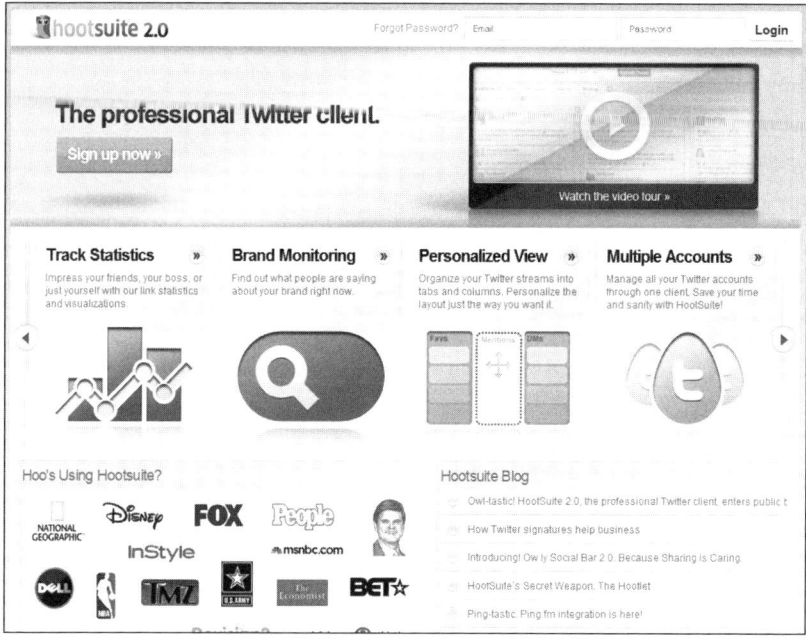

Abbildung 39: Multi-Account-Manager *hootsuite.com*

Multi-Account-Manager: Mehrere Twitter-Accounts über eine Plattform steuern.

Multi-User-Accounts: Mit mehreren Mitarbeitern, Standort-unabhängig, mit einem oder mehreren Accounts arbeiten.

Ausführliche Statistiken und Link-Tracking: Wie oft wurden Ihre Links angeklickt, und woher kamen die User? Detailstatistiken zu jedem einzelnen Link.

Rubriken: Erstellen Sie selbst Rubriken zu Ihren Themen wie zum Beispiel aktuelle Suchen, Gruppenverwaltung oder Schlüsselwort-Tracking.

Tab-Button: Sie können eigene Tab-Buttons erstellen, um sie auf Ihrer individuellen Oberfläche zu verwalten.

Gruppen-Verwaltung: Verwalten und organisieren Sie Ihre Twitter-User in Gruppen, um den Überblick zu behalten.

Rubrik-Widget-Kreator: Erstellen Sie eigene Rubrik-Widgets für die Einbindung auf Ihrer Homepage oder Ihrem Blog.

RSS-Feed-Verwaltung: Binden Sie den RSS-Feed Ihres Blogs oder von Drittanbietern in Ihre Tweets ein und verwalten Sie diese.

Weitere Anwendungen: Integration von *ping.fm,* Schnell-Suche, User-Info-PopUp-Fenster, Kennzeichnung von identifizierten Spammern, Hashtags etc.

Wir empfehlen Ihnen, sich ausreichend Zeit zu nehmen, um dieses umfangreiche Tool zu testen und kennenzulernen. Sie finden sowohl auf der Homepage als auch auf dem internen Blog unter *blog.hootsuite.com* kurze Erklärungsvideos.

Dieses Tool hilft Ihnen, Twitter wirklich effizient zu nutzen und spart vor allem eine ganze Menge Zeit. Es vereint die wichtigsten Funktionen, die Sie für professionelles Twitter-Marketing benötigen, unter einem Dach.

8.2 tweetdeck.com

Ein weiterer sehr beliebter und oft genutzter Multi-Account-Manager ist *tweetdeck.com*. Auch dieser vereint viele nützliche Funktionalitäten. Der Desktop-Client läuft unter den Betriebssystemen Windows, Apple, Linux und neuerdings auch auf dem iPhone, das ja in der Twittergemeinde weit verbreitet ist und immer beliebter wird.

Sie können somit Desktop und iPhone miteinander synchronisieren und sind so immer up-to-Date (siehe Abbildung 40).

Auch hier eine kurze Übersicht über die Haupt-Funktionalitäten. Mit Tweetdeck können Sie:

1. alle bereits bekannten Funktionen der Twitter-Homepage nutzen.
2. Gruppen verwalten.
3. Trends verfolgen.
4. verschiedene Suchen verwalten und speichern.
5. URLs automatisch verlinken.
6. die Bilder-Vorschau nutzen.
7. Videoclips aufnehmen, ansehen und verbreiten.

Abbildung 40: Multi-Account-Manager *tweetdeck.com*

8. Spam identifizieren und direkt an Twittter melden.
9. Und noch vieles mehr!

8.3 splitweet.com

Einer unserer Lieblings-Multi-Account-Manager ist *www.splitweet.com*. Es ist keine kommerzielle Seite, sondern ein Gemeinschafts-Projekt von drei Arbeitskollegen aus Spanien. Da diese Seite in 19 Sprachen verfügbar ist und somit für die meisten unter uns einsetzbar, werden wir sie an dieser Stelle auch intensiv beschreiben. Dieses Tool kann Ihnen, nach unserer

Erfahrung, viel Zeit in der Twitter-Nutzung sparen. Es ist sehr übersichtlich und oft schneller als die Twitter-Hauptseite.

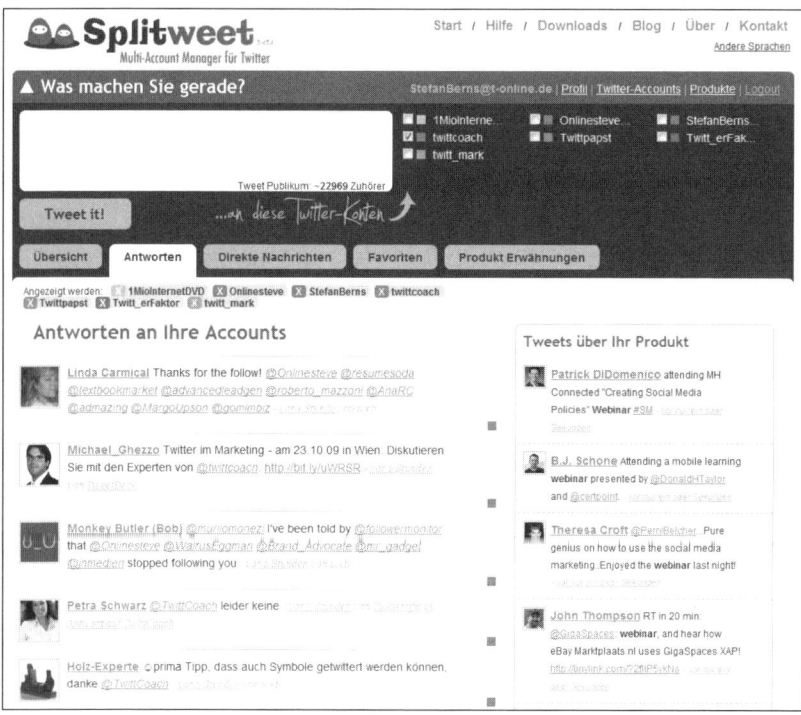

Abbildung 41: Multi-Account-Manager *splitweet.com*

Der entscheidende Vorteil und Nutzen von *splitweet.com* ist, dass Sie alle Ihre Accounts im Überblick haben und von dieser Seite aus steuern können. Zu Beginn der Nutzung legen Sie alle Ihre im Einsatz befindlichen Twitter-Accounts an. Wie Sie auf Abbildung 41 sehen können, haben wir aktuell sieben unterschiedliche Accounts angelegt. Mit einem kleinen Haken können Sie dann jeweils wählen, über welchen Account Sie twittern wollen.

Beachten Sie bitte, dass Twitter seit Kurzem das Twittern von identischen Tweets über verschiedene Accounts als Spam-Kriterium festgelegt hat. Die wichtigsten Funktionen des Tools im Überblick:

Account-Informationen:
Sie finden in der Account-Übersicht der einzelnen User dieselben Informationen wie auch bei Twitter.

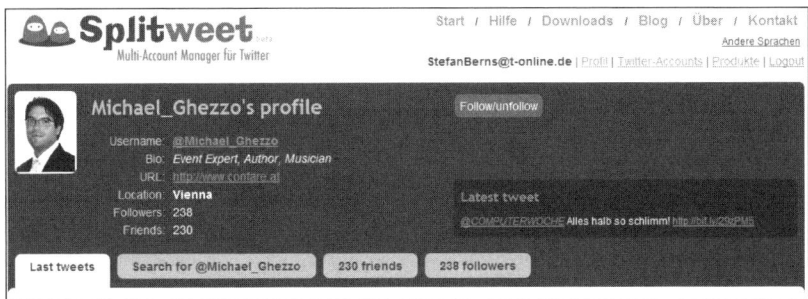

Abbildung 42: Profil-Informationen *splitweet.com*

Alles ist schön übersichtlich angeordnet und rechts oben finden Sie den „Follow-Button".

Folgen:
Wenn Sie einen neuen interessanten Follower gefunden haben und ihm folgen möchten, zeigt *splitweet.com* Ihnen eine Auswahl Ihrer Accounts an, so dass Sie entscheiden können, mit welchen Sie folgen wollen.

Twittern:
In Ihrem Hauptfenster schreiben Sie Ihre Tweets. In der rechten unteren Ecke wird Ihnen die Empfängeranzahl angezeigt, je nachdem, welche und wie viele Ihrer Twitter-Konten Sie ausgewählt haben.

Übersicht:

Hier laufen alle Tweets Ihrer unterschiedlichen Accounts in einer Timeline zusammen. Ein unschätzbarer Vorteil, denn so müssen sie nicht von Account zu Account hin- und herspringen. Welcher Tweet über welchen Account kommt, können Sie an dem kleinen farbigen Quadrat erkennen, das immer in der rechten unteren Ecke des jeweiligen Tweets erscheint.

Antworten:

Hier sehen Sie alle Antworten, also alle @Replies oder Re-Tweets an Ihre Accounts, die ebenfalls durch die kleinen farbigen Quadrate farblich zugeordnet sind.

Direkte Nachrichten:

Hier finden Sie alle direkten Nachrichten, die an Ihre Accounts gesendet wurden.

Favoriten:

Hier werden Ihnen alle Favoriten angezeigt, die Sie für Ihre unterschiedlichen Accounts angelegt haben. Favoriten sind Ihre wichtigsten Twitter-Accounts, die Sie niemals verpassen wollen, weil Sie für Sie die nützlichsten Informationen posten.

@Replies:

In die Timeline wurde ein Mouse-over-Effekt integriert, so dass Sie vier Aktionsmöglichkeiten sehen, wenn Sie über den entsprechenden Tweet fahren. Eine davon ist das direkte Antworten mit @Reply auf einen Tweet.

Außerdem können Sie einen Tweet favorisieren, eine Direkt-Nachricht senden oder re-tweeten, also den kompletten Tweet weiterleiten.

Produkt-Erwähnungen:

Mit dieser Funktion können Sie Marken- und Unternehmens-Monitoring betreiben, indem Sie vorher die Schlüsselwörter eingeben, nach denen *spli twcct.com* auf Twitter für Sie suchen soll. Das ist unverzichtbar, wenn Sie wissen wollen, was auf Twitter über Sie, Ihre Marke und Ihre Unternehmen geschrieben wird.

Mit dieser Funktion können Sie auch Mitbewerber oder andere Marktpartner über die entsprechenden Suchwörter optimal beobachten. Die Anzahl der möglichen Suchwörter liegt je nach Länge bei acht bis zehn.

8.4 twhirl.com

Ein weiterer beliebter Multi-Account-Manager ist *www.twhirl.org*. *Twhirl.org* ist ein desktopbasierter Manager, bei dem sich gleichzeitig mehrere Twitter-Profile, aber auch Profile von anderen MicroBlogging-Diensten wie *identi.ca*, *lanconi.ca*, *friendfeed.com* oder *seesmi.com* anzeigen lassen. Darüber hinaus können Sie auch Statusmeldungen der beiden Dienste *jaiku.com* und *ping. fm* aufrufen. Twirl ist in den Sprachen Deutsch, Italienisch, Spanisch und natürlich Englisch verfügbar. Neben den gewohnten Funktionen der Twitter-Startseite bietet der Dienst zusätzlich noch eine Filterfunktion nach bestimmten Schlüsselwörtern an, hat einen integrierten URL-Verkürzer sowie eine automatische Anbindung an *twitpic.com*, um Bilder zu twittern.

Auch hier gilt: Probieren Sie aus, welches Tool für Sie und Ihre Zwecke am dienlichsten ist. Nicht immer ist das komplexeste Werkzeug mit den meisten Funktionen auch das geeignetste – das hängt ganz von Ihren individuellen Ansprüchen und Bedürfnissen ab.

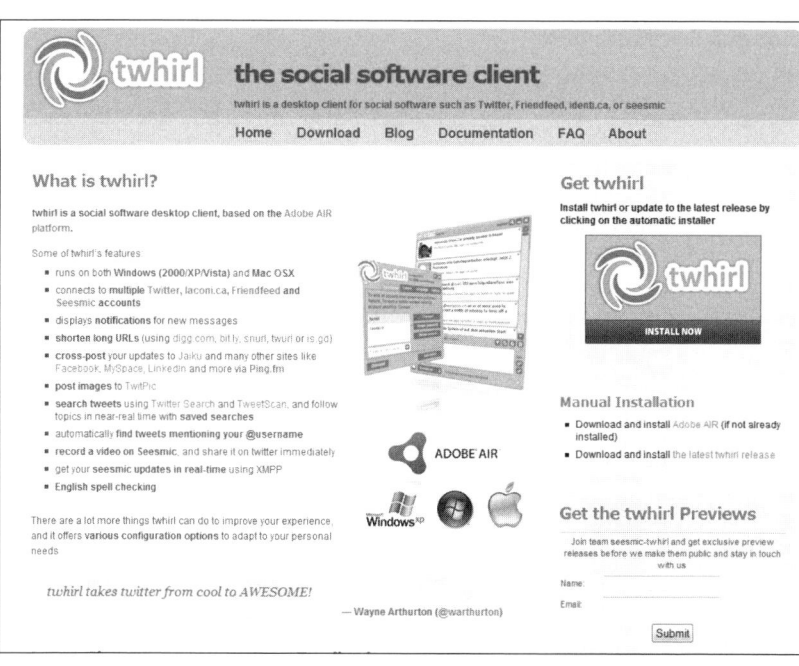

Abbildung 43: Multi-Account-Manager twhirl.org

9.
Twittern auf Autopilot

Im letzten Kapitel, in dem wir uns die hilfreichen Funktionen der Multi-Account-Manager angesehen haben, konnten Sie schon feststellen, dass Sie im Umgang mit Twitter einiges automatisieren können. Gerade zu Beginn Ihrer Twitter-Karriere werden Sie sehr viel Zeit in Twitter investieren müssen. Das ist unumgänglich, denn schließlich gibt es eine Menge Neues für Sie zu entdecken, auszuprobieren und zu erforschen.

Denken Sie daran, Twitter ist zwar lediglich ein Social-Media-Tool, doch es ist in ein sich permanent ausdehnendes „Twitterversum" eingebettet. Twitter ist dabei das zentrale Tool, um das sich immer mehr Social-Media-Plattformen gruppieren und untereinander sowie mit Twitter kommunizieren.

Damit Sie Twitter effizient und ergebnisorientiert nutzen können, gibt es viele sinnvolle Möglichkeiten, immer wiederkehrende Routinearbeiten zu automatisieren. Wer bereits Erfahrungen im Online- und E-Mail-Marketing gesammelt hat, weiß, wie wichtig auch dort die Automatisierung ist.

Im E-Mail-Marketing wird eine E-Mail-Kampagne zum Beispiel ein Mal aufgesetzt, geschrieben und dann entsprechend terminiert. Auf diese Weise wird dann, nach vorher festgesetzten zeitlichen Intervallen, eine Serie von vorformulierten E-Mails an klar definierte Gruppen und Empfänger versandt. Solche Routinen lassen sich auch bei Twitter automatisieren. Ob Sie eine spezielle Begrüßungs-Direct-Message oder einen Tweet zu einer bestimmten Uhrzeit versenden oder Ihre Inhalte teilweise automatisieren wollen – dies alles lässt sich ebenso automatisieren wie die Erweiterung Ihres Netzwerks.

Viele Nutzer lehnen Automatisierungstools zwar ab, aber wir wollen Ihnen dennoch einige dieser Werkzeuge zumindest vorstellen. Sie werden inzwischen wissen, was für ein Twitter-Typ Sie sind, und können selbst entscheiden, was Ihnen zusagt und für Ihre Twitter-Ziele nützlich ist.

9.1 Automatisch neue Follower gewinnen

Gerade deutsche Twitter-User erledigen Ihren Netzwerkaufbau vorzugsweise „von Hand" und weigern sich, sich dabei von einer Automatisierungssoftware unterstützen zu lassen. Wenn es jedoch Ihr Ziel sein sollte, ein möglichst großes und mit vielen qualitativen Followern besetztes Netzwerk aufzubauen, sollten Sie auf Software-Unterstützung in diesem Bereich zurückgreifen. Am Markt gibt es derzeit unterschiedlichste Angebote, sowohl kostenfrei als auch kostenpflichtig. Wir stellen Ihnen hier zwei Tools vor, die Sie in der Grundfunktion kostenlos nutzen können.

Mit *twollow.com* haben Sie die Möglichkeit, Twitter-Usern automatisch zu folgen und so Ihr Twitter-Netzwerk systematisch aufzubauen. Das eignet sich zum einen dazu, suchwortgenau neue Follower aus Ihrer Zielgruppe zu finden, und zum anderen können Sie damit automatisch denen folgen, die über Ihre Produkte oder Ihre Marke oder Ihr Unternehmen auf Twitter sprechen.

Der Dienst entfolgt (entfollowed) sogar automatisch die ausgewählten Twitter-Nutzer, wenn diese nicht innerhalb von drei Tagen Follower des eigenen Accounts werden.

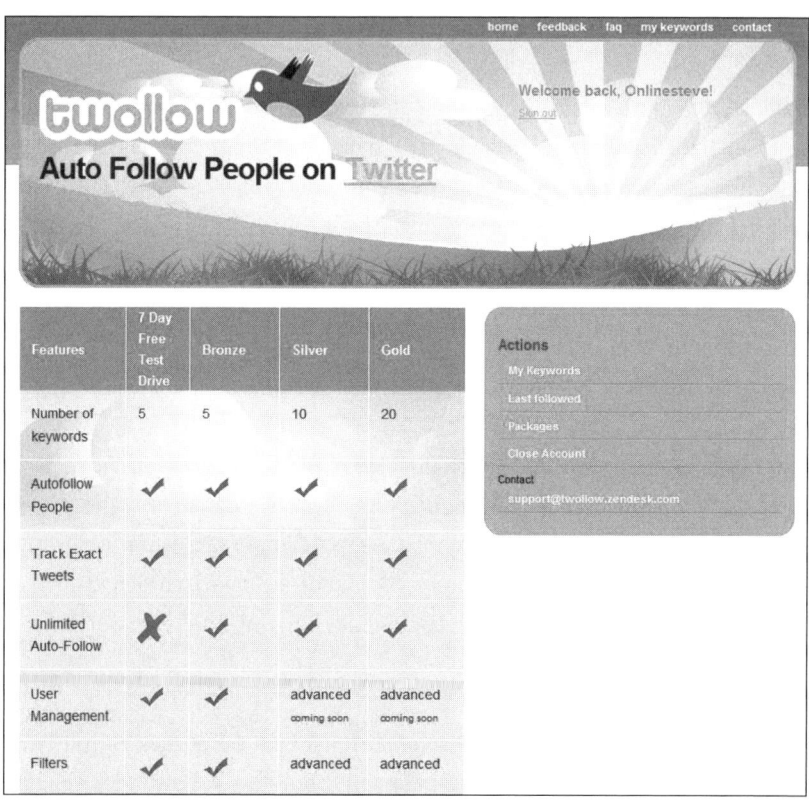

Abbildung 44: Automatisierungs-Tool *twollow.com*

Ein Test-Account mit fünf Schlüsselwörtern und einem Testzeitraum von sieben Tagen ist gratis. Wenn Sie das Tool weiter nutzen möchten, können Sie es entsprechend Ihren Wünschen upgraden.

Ein weiterer komplett kostenloser Service heißt ganz ähnlich, wird aber anders geschrieben. Unter *www.twollo.com* stellen Sie ein Mal über Schlüsselwörter ein, wem Sie folgen wollen, und lassen es dann laufen. Jetzt müssen

Sie nur noch ab und an Ihre Einstellungen kontrollieren und aktualisieren und bekommen so automatisch die Follower, die Sie haben wollen.

Das Schöne an der Seite ist, dass sie Tweets in sechs Sprachen ausliest, darunter auch Deutsch. Sie können hier also auch nur rein deutsch twitternde User finden.

9.2 Begrüßungsnachrichten & Co. – tweetlater.com

Tweetlater ist zum einen ein weiterer Multi-Account-Manager, aber zum anderen auch ein hervorragendes Twitter-Marketing-Tool.

Eine der wichtigsten Funktionen, die der Dienst kostenlos zur Verfügung stellt, ist das Einrichten einer automatisierten Begrüßungsnachricht als DM (Direct-Massage).

Damit haben Sie die Möglichkeit, neue Follower automatisiert zu begrüßen und sie beispielsweise auf eine besondere Internetseite hinzuweisen, wo Sie dann vielleicht zur Begrüßung ein Geschenk von Ihnen erhalten. Oder Sie verweisen auf ein anderes Social-Network-Profil wie Xing oder Facebook, in dem Sie Ihrem neuen Follower mehr Informationen zu sich und Ihrem Unternehmen anbieten.

Beispiel einer automatisierten Begrüßungs-Direct-Message:
„Schön, dass Sie uns folgen und an unseren Tweets interessiert sind. Weitere Informationen zu uns finden Sie auf unserem Blog – bit.ly/exmpl."

Weitere Funktionen der kostenlosen Version von *tweetlater.com* sind:
• Terminierte Tweets
• Schlüsselwort-Tracking
• Bit.ly URL-Verkürzungsdienst inkl. Tracking der gekürzten Links

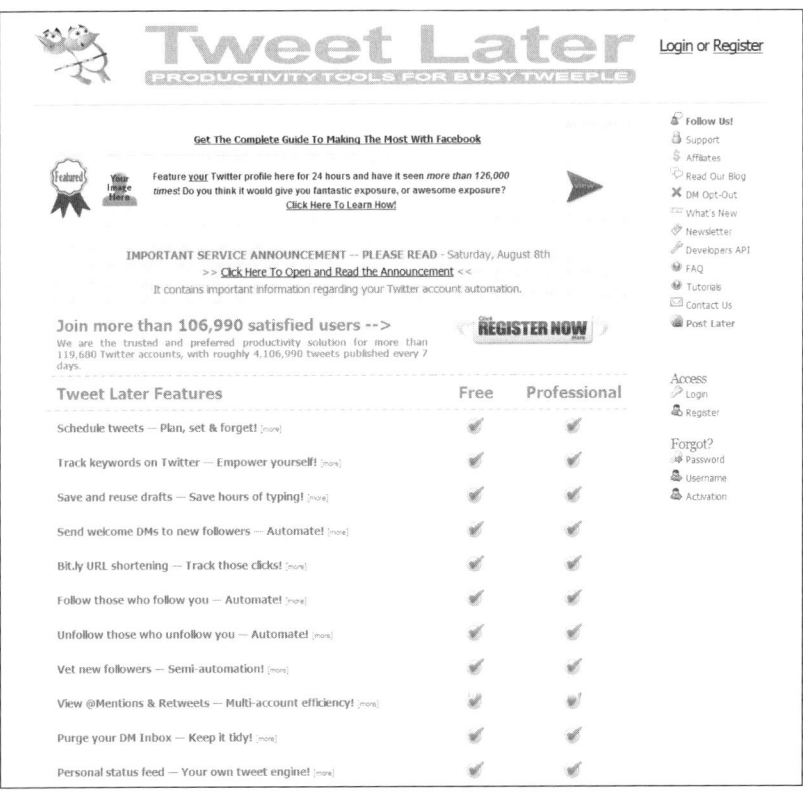

Abbildung 45: Automatisierungs-Tool *tweetlater.com*

- Automatisches Rückverfolgen von Usern
- Automatisches Entfolgen, wenn ein User Sie verlässt
- Löschen und Reinigen der DM-Box
- Unlimitierte Twitter-Accounts

Die kostenpflichtige Premium-Version bietet weitere umfangreiche Features.

9.3 Automatisierter Content – Twittern im Schlaf mit twitterfeed.com

Sie können Ihren Account auch dann mit Leben füllen, wenn Sie einen gewissen Teil Ihrer Inhalte automatisieren. Dazu steht Ihnen mit Twitterfeed unter *twitterfeed.com* ein interessantes Tool zur Verfügung. Damit können Sie über Ihren eigenen RSS-Feed Inhalte automatisch über Ihren Twitter-Account veröffentlichen lassen.

Dies bietet sich zum Beispiel bei eigenen Blogbeiträgen, Pressemitteilungen oder sonstigen immer wiederkehrenden Informationen von Ihrer Homepage an. Daneben können Sie auch über den Alert-Dienst von Google spezielle zu Ihnen passende und für Ihre Zielgruppe interessante Inhalte aus dem Internet filtern, und diese automatisiert in Ihren Twitter-Account einspeisen.

Abbildung 46: Automatisierungs-Tool *twitterfeed.com*

Auch hier konfigurieren Sie ein Mal das Tool und können dann über einen längeren Zeitraum die Ergebnisse verfolgen.

Definieren Sie dazu einfach einen Twitterfeed und geben Sie dann die Daten Ihres Twitter-Accounts sowie den RSS-Feed ein, den Sie twittern möchten. Aber seien Sie hier besonders vorsichtig, wie viele und welche Schlüsselwörtern Sie verwenden, denn es kann dadurch zu einem erhöhten Traffic in Ihrem Twitter-Account kommen. Von manchen Followern werden zu viele automatisierte Tweets nicht sehr gern gesehen.

Optimalerweise sollte der Anteil der Tweets, die Sie persönlich posten, mindestens so hoch wie der der automatisierten Tweets sein. Denn niemand folgt gerne einem Twitter-Account, der hauptsächlich aus den Inhalten eines Feed-und-Alert-Dienstes besteht. Hier fehlt einfach der persönliche Aspekt, wenn auf Fragen nicht reagiert wird und Diskussionen nicht möglich sind.

Wir empfehlen außerdem, die Feeds aus Ihrem Blog besonders zu kennzeichnen. Sie können hier beispielsweise „via Blog" verwenden. So wissen Ihre Follower, dass Sie hier auf einen Beitrag auf Ihrem Blog verweisen.

9.4 Twitter-Alert-Dienste

Alert-Dienste sind Informationsdienste, bei denen nach dem sogenannten Publish-Subscribe-Modell Anfragen angemeldet werden können. Man erhält dann regelmäßig die gewünschten Informationen zugeschickt.

Bei den Meldungen kann es sich beispielsweise um Treffer einer Suchmaschine, Beiträge in einem Weblog oder um Inhaltsverzeichnisse von Fachzeitschriften handeln. Die Mitteilungen können dabei per RSS oder E-Mail empfangen werden. Daher eignet sich ein Alert-Dienst auch bedingt zum Brand-Monitoring oder zum Auffinden interessanter Follower.

Wer bereits den Alert-Dienst von Google kennt, wird die Vorteile eines solchen Dienstes auch für den Umgang mit Twitter schätzen.

Einer diese Twitter-Alert-Dienste ist *tweetbeep.com*

Mit *tweetbeep.com* können Sie sich darüber informieren lassen, ob und was jemand über Sie, Ihr Produkt oder Ihre Marke auf Twitter schreibt. Es ist ein nützliches Monitoring-Tool, das Ihnen natürlich auch helfen kann, neue Follower aus Ihrer Zielgruppe zu finden. Sie können zehn Alerts gratis anlegen, bekommen die Ergebnisse immer bequem in Ihr E-Mail-Postfach gesendet und können dann in Ruhe entscheiden, wem Sie folgen.

Abbildung 47: Automatisierungs-Tool *tweetbeep.com*

Ein weiterer Twitter-Alert-Dienst ist *www.twilert.com*.
Damit können Sie sich Ihre Alerts täglich, wöchentlich oder einmal im Monat per E-Mail zusenden lassen. Die Genauigkeit der zu definierenden Alerts lehnt sich zu hundert Prozent an die Suchmaske der erweiterten Twitter-Suche an. Sie haben also wieder sehr genaue Ergebnisse, die Sie dann blockweise wöchentlich oder ein Mal im Monat nachbearbeiten können. Dieser Dienst ist komplett kostenlos nutzbar.

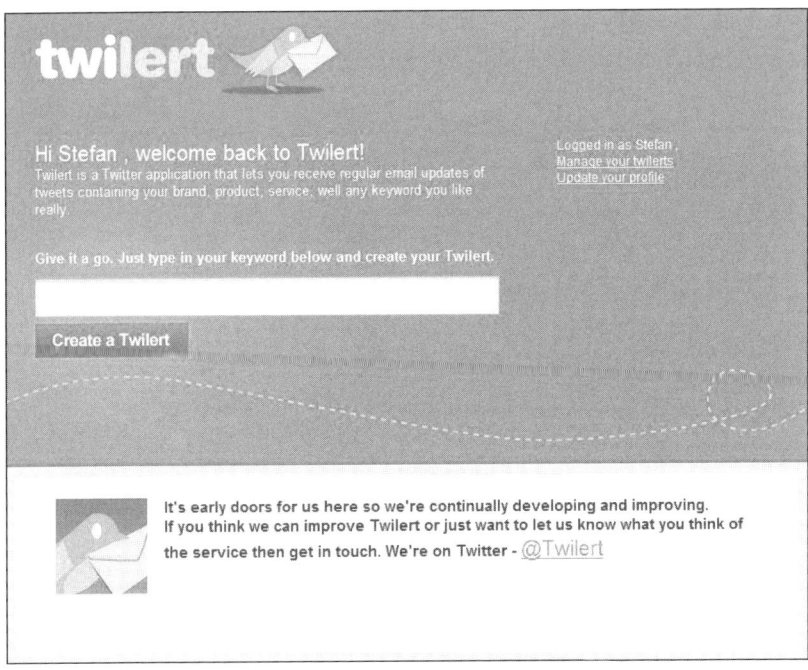

Abbildung 48: Automatisierungs-Tool *twilert.com*

10.
Twitter-Erfolg schwarz auf weiß

Sie haben nun Ihr Twitter-Netzwerk aufgebaut, interessante Follower gefunden und sich mit ihnen fleißig über Twitter und andere interessante Dinge ausgetauscht. Wenn Sie dann so richtig im Twitter-Fieber sind, macht es irgendwann einmal Sinn, zu analysieren, wie erfolgreich Sie tatsächlich twittern und welche Auswirkungen Ihre Twitterei hat.

Twitter selbst bietet noch keine umfangreichen Analysemöglichkeiten an. Wir gehen jedoch davon aus, dass dies Bestandteil der geplanten Premium-Accounts sein wird, die Twitter einführen will, um endlich Erlöse zu generieren.

Doch bis es soweit ist, können wir uns auch in diesem Bereich mit den unzähligen kostenlosen Analyse-Tools behelfen.

Diese Analyse-Tools werten Ihre Twitter-Nutzung aus und lassen Rückschlüsse darauf zu, wie Sie Ihr individuelles Twitter-Verhalten eventuell ändern können, um Ihre Erqebnisse zu optimieren.

Zum Beispiel können Sie teilweise auf einem Blick schwarz auf weiß erkennen, mit wem Sie am liebsten und häufigsten twittern. Oder wie oft sie von wem „geretweeted" werden oder wie wertvoll Ihr Twitter-Account wäre, wenn Sie ihn veräußern würden.

10.1 twitteranalyzer.com

Ein besonders umfangreiches Analyse-Tools ist *twitteranalyzer.com*, das wir Ihnen an dieser Stelle etwas ausführlicher vorstellen wollen, da es Ihnen sehr differenzierte Daten zu Ihrem Twitter-Nutzungsverhalten zur Verfügung stellt.

Mit dem Twitteranalyzer können Sie jeden Ihnen bekannten Twitter-User analysieren, was Ihnen ein sehr effektives Benchmarking erlaubt.

Die Anwendung ist ganz einfach: Sie geben nur den zu analysierenden Twitter-Nutzernamen ein und erhalten umgehend umfangreiche Daten für den zurückliegenden Monat angezeigt.

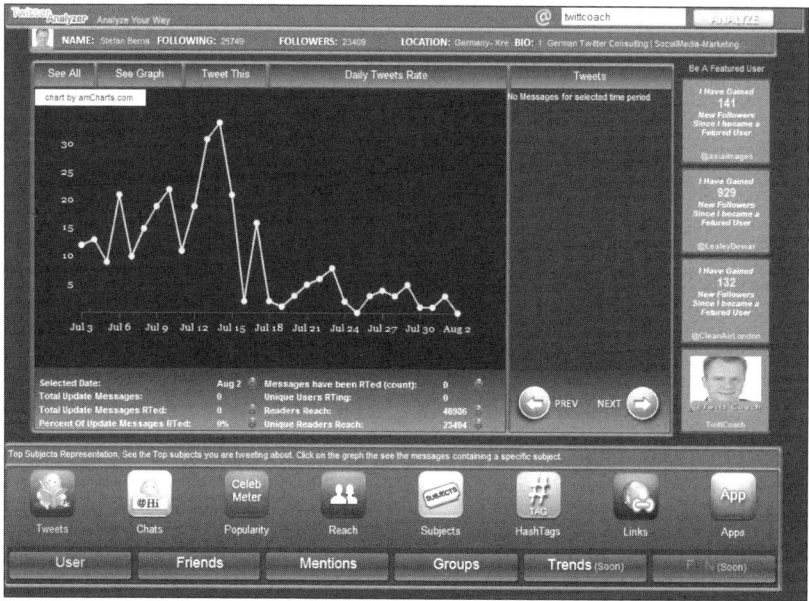

Abbildung 49: Analyse-Tool *twitteranalyzer.com*

Wie Sie sehen, können Sie alle Daten des jeweiligen Twitter-Profils in der oberen Datenleiste auf einen Blick erfassen.

User:
Unter dem Button User wird Ihnen angezeigt, wie viele Tweets Sie an welchem Tag versendet haben.

Eine sehr interessante Angabe ist der Detailpunkt Readers Reach. Dieser zeigt Ihnen die aktuelle potenzielle Reichweite Ihres Twitter-Netzwerkes an, also die Leser in der zweiten Reihe beziehungsweise die Follower Ihrer direkten Follower. In unserem konkreten Beispiel (siehe Abbildung 49) hat @TwittCoach 23.492 direkte Follower, kann aber mit den Followern seiner Follower potenziell insgesamt 869.204 Twitter-User erreichen.

Außerdem wird Ihnen angezeigt, wie viele Ihrer Nachrichten geretweetet werden, welche Hashtags Sie wie oft verwenden, welche Links von Ihnen gepostet wurden und über welche Twitter-Applikationen Sie getwittert haben.

Friends:
Diese Funktion zeigt, wie viele Ihrer Follower wann online sind und wie sich Ihr Account-Wachstum entwickelt. Auf einer Weltkarte können Sie sehen, aus welchen Ländern Ihre Follower kommen. Sie können erkennen, wie aktiv diese sind und wie viele inaktive Nutzer Sie in Ihrem Netzwerk haben. Sie erfahren, wer Ihre Links am häufigsten weiterleitet und mit welchen Usern Sie gerne über Twitter chatten. Und schließlich können Sie sich auch Tweets anzeigen lassen, auf die Sie noch nicht geantwortet haben.

Mentions:
Hier erfahren Sie etwas über Ihre Relevanz und Bedeutung auf Twitter: Sie sehen, wer Sie am häufigsten erwähnt und über wen Sie umgekehrt besonders oft schreiben.

Groups:
Diese Funktion analysiert Ihre Follower nach Berufsgruppen. Sie erfahren, wie lange Ihre Follower schon auf Twitter sind und welche durchschnittlichen Follower-Zahlen Ihr Netzwerk hat. Sie sehen die Gewichtung nach Geschlecht und welche Aktivitäten Ihre Follower über Twitter kommunizieren.

Auch wenn dieses Tool natürlich auf Englisch ist, bietet es Ihnen eine Menge sehr interessanter Daten. Zukünftig wird die Seite noch durch einen Trend-Verlauf erweitert.

Weil Sie sich nicht nur auf ein Analyse-Tools verlassen sollten, stellen wir Ihnen noch zwei weitere vor.

10.2 tweet-rank.de

Wie ist die Qualität Ihrer Tweets?
Da die Anzahl der Follower nicht als direktes Qualitätsmerkmal gilt, ist es umso wichtiger, die Qualität Ihrer Tweets im Auge zu behalten.

Unter *www.tweet-rank.de*, einem deutschsprachigen Tool, können Sie verfolgen, wie erfolgreich Ihre Tweets waren und ob Sie dadurch Follower gewonnen oder verloren haben. Zusätzlich erhalten Sie eine Übersicht über den gesamten Verlauf Ihrer Twitter-Karriere durch einen Graphen, der die Entwicklung Ihrer Follower anzeigt.

Abbildung 50: Analyse-Tool *www.tweet-rank.de*

Hier können Sie erkennen, dass uns nach dem untersten Tweet ein Follower verlassen hat. Aber wir sehen das entspannt, denn schließlich ist das Folgen auf Twitter vollkommen freiwillig und unverbindlich und verpflichtet zu nichts.

10.3 foller.me

foller.me kann eine willkommene Entscheidungshilfe im oft hektischen Berufsalltag sein. Oft folgt Ihnen nämlich jemand, und Sie würden sich gerne genauer anschauen, ob es sich lohnt, dieser Person zurückfolgen. Allerdings dürften Sie wohl nicht immer ausreichend Zeit haben, um sich alle Details und vor allem die Timeline des Users genau anzusehen. Das kann *foller.me* für Sie erledigen.

Das Tool wertet die 200 letzten Tweets eines zu analysierenden Users in einer Taq-Cloud, also einer Schlagwort-Wolke, aus. Folgende Informationen werden aufgelistet:

Recent topic:
Zeigt an, worüber der User am meisten geschrieben hat.

Recent #hashtags:
Listet die Hashtags auf, die der User in den letzten 200 Tweets benutzt hat.

Recent @mentions:
Hier werden die User angezeigt, die Tweets interessant fanden und diese weitergeleitet haben. Sollte dieses Feld leer bleiben, kann das daran liegen, dass Sie es mit einem sogenannten Robot zu tun haben, also einer Maschine, die automatisch twittert und nur Follower sammelt.

Recent queries:

@TwittCoach 23494 followers / 25752 following / 2131 status updates / Tweeting since Mar 2009 / URL: twittcc.com
1. German Twitter Consulting | SocialMedia-Marketing | Webinare | Training | Coaching | KeyNote-Speaker | Autor | Visionary |

Recent topics

gerne klasse tolle tweets stefan berns empfehle kategorien buch twittert best practice interview twitter rt via spannend faktor google unternehmen woche twitternden liste gefunden österreich 4ff grô tweeple beispiele accounts twittern spaß twtpic genau richtige deal schön maximale erfolge lette toos wahr menschen xing fragen grade offnet folgen blog applikationen kennenlernen fvs kommunikation beispel marketing helfen suche viral seminare added wefollow directory # socialmediamarketing training ferramentas monitorar mensurar seus dica

Recent #hashtags

#poken #tweeplecardfan #twitter #gastrotwittern #twmark #xing #140zeichen #interview #twk #twittwoch #socialmediamarketing #socialmedia #marketing #blogger #39 #media #marketingstrategy #smm

Recent @mentions

@ghheiligendamm @locamap @poken_shop @tweetranking @beatrixe @colorline_de @angiedor @gcaesar @sichtbarmachen @weinreporter @serii70 @nockenwelle @pokengermany @dealhunterde @reisingers @medien_tk @onlinesteve @pznews @twitt_consult @twittcoach @twittfuel @intuitiv @rocktech @diemaschinistin @klauseck @_xinxi @calmund @targetfinder @guenterexel @michael_ghezzo @twittwoch @rubintime @danielsayon

Abbildung 51: Analyse-Tool *foller.me*

11.
Twitter-Marketing-Tools

Wahrscheinlich haben Sie schon festgestellt, dass man sich anfangs ohne Weiteres im Twitterversum verlaufen kann.

Wir benutzen den Begriff Twitterversum an dieser Stelle ganz bewusst, denn um Twitter hat sich mittlerweile tatsächlich ein ganz eigener Kosmos gebildet. Da Twitter für jeden Programmierer, der die API-Programmiersprache beherrscht, offensteht und jeder entsprechend der eigenen Ideen, Bedürfnisse und Anforderungen Zusatz-Applikationen programmieren kann, gibt es inzwischen schätzungsweise 1.500 bis 2.000 unterschiedliche Zusatzapplikation. Täglich werden es mehr, und niemand kann mehr überblicken, wie viele es wirklich sind.

Viele wurden nach ganz speziellen Anforderungen programmiert und wenn sie bei der Twitter-Gemeinde Anklang finden, verbreiten sie sich in Windeseile unter den Usern. Zwar sind die meisten dieser Zusatzapplikationen noch auf Englisch. Doch inzwischen erscheinen auch immer mehr deutschsprachige oder von deutschen Programmierern entwickelte Programme. Diese Situation macht es zum einen fast unmöglich, den Überblick zu behalten und zum anderen auch nicht einfacher, die nützlichen aus den weniger nützlichen Tools herauszufiltern.

In diesem Kapitel geben wir Ihnen deshalb auch nur einen kleinen Vorgeschmack auf Tools, die Ihnen das Twitter-Leben im Zusammenhang mit Ihrer Unternehmenskommunikation und Ihrem Online-Marketing vereinfachen sollen.

Natürlich ist diese Auswahl subjektiv und unvollständig. Wir haben die hier aufgeführten Tools aber alle getestet und fanden sie nützlich.

11.1 Bilder twittern – twitpic.com

Twittern ist mehr als Schreiben mit 140 Zeichen. Wie bereits an anderer Stelle erwähnt, werden inzwischen auch von vielen Usern gerne Fotos getwittert. *Über twitpic.com ist das problemlos möglich.*

Auf der Startseite sehen Sie über Google-Maps immer, wo aktuell gerade auf der Welt ein Bild gepostet wird. Loggen Sie sich mit Ihren Twitter-Profildaten ein, und Sie haben sofort die Möglichkeit, Bilder in den Dateiformaten GIF, JPG und PNG von Ihrer Festplatte hochzuladen oder ganz aktuelle Bilder zu posten. Sie können also von überall her Bilder über Ihr Handy oder Smartphone posten und sind so in der Lage, Ihren Followern Ihre Erlebnisse live und in Farbe nahezubringen.

John Naisbitt, der Autor des Weltbestsellers Megatrends, kündigte bereits in seinem letzten Buch *Mind Set* an, dass wir uns immer weiter zu einer visuellen Gesellschaft entwickeln, in der das Bild beziehungsweise bewegte Bilder unser tägliches Leben und unsere Gesellschaft immer mehr beeinflussen.

Mit Twitter und Twittpic erleben wir die praktische Anwendung dieser Aussage. Da wir heute zudem auch in einer mobilen Gesellschaft leben, können wir mit unseren mobilen Endgeräten und *twitpic.com* jederzeit dokumentieren, was wir gerade erleben: mit wem wir uns zurzeit auf einer Messe oder einem Vortrag unterhalten, wer uns gerade begleitet, was wir Neues erleben oder entdeckt haben. Kurz: einfach alles, was für unser Unternehmen und für unsere Follower interessant sein könnte. Sie können Ihre Bilder natürlich auch kommentieren und taggen, also mit Stichwörtern versehen, so dass Sie auch später noch gezielt nach ihnen suchen können.

Sollten Sie *twitpic.com* über Power Twitter, die Zusatzapplikation für den Mozilla Firefox, nutzen, können Sie Ihre Bilder sogar direkt darüber hochladen und müssen sich nicht noch einmal extra auf *twitpic.com* einloggen. Haben Sie jemanden ausfindig gemacht, der Ihnen immer wieder interessante oder schöne Bilder über Twitter liefert, können Sie sich diese Fotos auch als RSS-Feed auf Ihren Rechner holen.

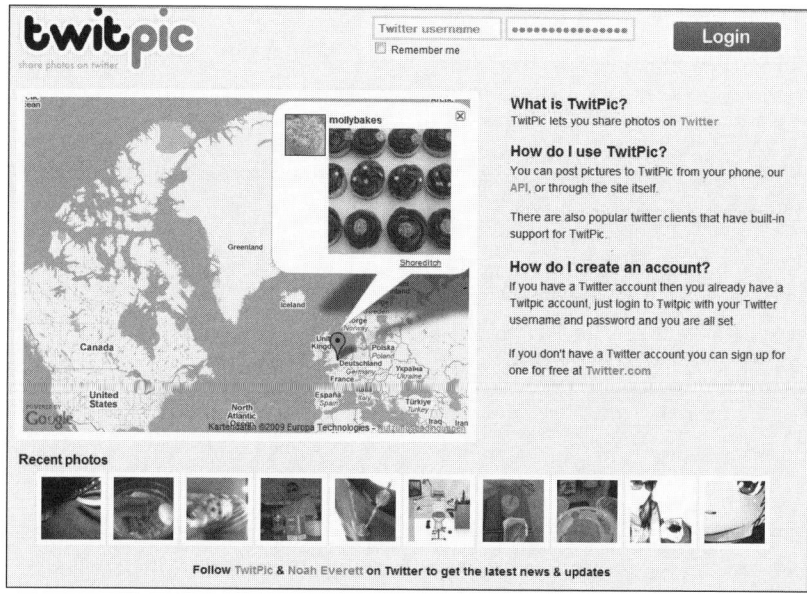

Abbildung 52: *twitpic.com*

11.2 Videos twittern – seesmic.com, twiddeo.com & Co.

Da sich das Internet immer mehr in Richtung bewegter Bildern entwickelt und die Aufnahmegeräte immer kleiner und besser werden, wird es bald völlig normal sein, Kurzvideos an sein Netzwerk zu schicken.

Mit Twitter geht das natürlich auch heute schon, und es gibt mittlerweile viele Wege, wie Sie Videos twittern können.

Auf *video.seesmic.com* können Sie kurze Videos aufnehmen und diese sofort twittern. *Seesmic.com* gehört zu dem Multi-Account-Manager *twhirl.com*, den Sie so auch in Kombination damit nutzen können.

Ein weiterer nützlicher Dienst ist *beta.twiddeo.com*. Hier wird Ihnen zusätzlich die Möglichkeit geboten, bestehende Videos von Ihrer Festplatte hochzuladen.

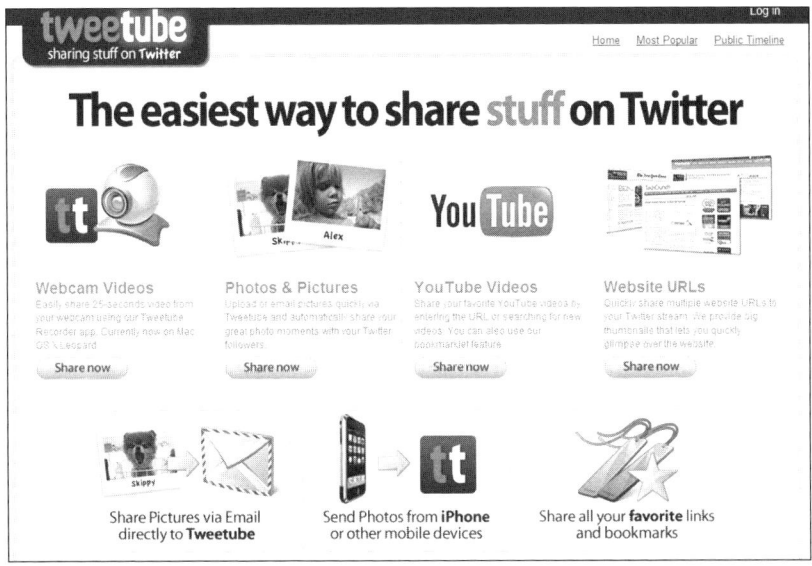

Abbildung 53: *beta.twiddeo.com*

Ein noch umfangreicheres Angebot bietet *www.tweetube.com*, wo Sie sowohl Webcam- und YouTube-Videos als auch Bilder und Webseiten-Empfehlungen direkt posten können.

Weitere Dienste, auf die wir aber nicht näher eingehen wollen, sind *twitc.com* oder auch *twitlens.com*.

11.3 Sprachnachrichten twittern – twittwoop.com

Auch das Twittern von Sprachnachrichten ist inzwischen bereits möglich. Es wurde von einem deutschen Unternehmen, das sich mit Sprachmehrwertdiensten beschäftigt, realisiert.

Unter *twitwoop.com* können Sie spielend einfach eine Sprachnachricht von 140 Sekunden Länge über Ihr Festnetz oder Mobiltelefon twittern. Es ist lediglich eine vorherige Registrierung Ihrer Telefonnummer in dem Sprachsystem nötig. Schon können Sie zur Abwechslung Ihre Followerschaft auch mal mit einer kleinen Sprachnachricht begrüßen.

Es gibt auch bereits einen festen Channel, der sich Twitt'n Roll Radio nennt und ebenfalls diese Technologie nutzt.

Bestimmt wird es in absehbarer Zeit noch weitere spannende Anwendungen geben.

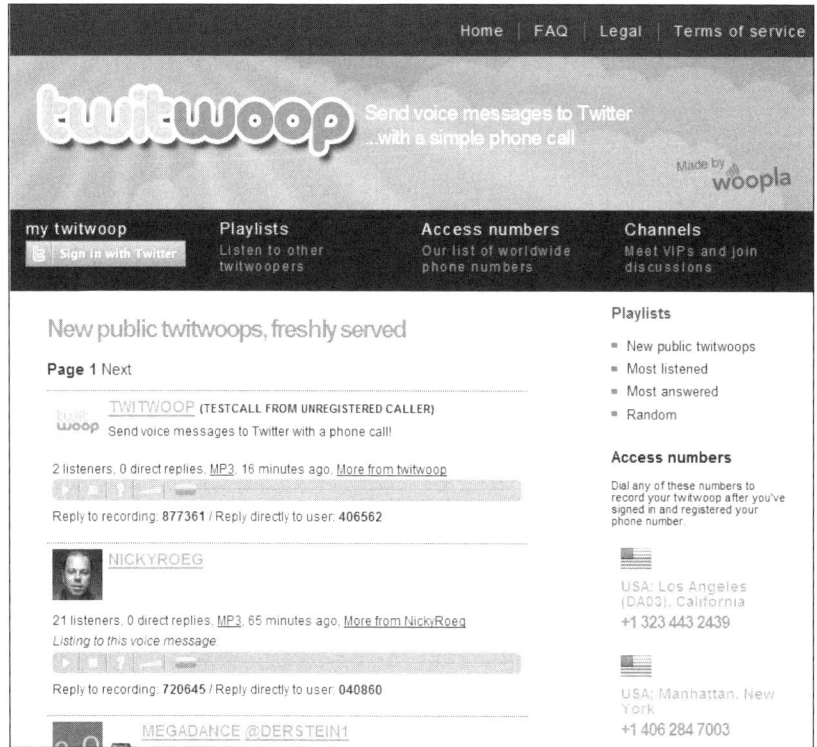

Abbildung 54: *twitwoop.com*

11.4 bit.ly URL-Verkürzung und Tracking

Twitter erlaubt ja lediglich Nachrichten in einer Länge von maximal 140 Zeichen. Durch die Verbreitung und wachsende Popularität des MicroBloggings
hat auch die Nutzung von URL-Verkürzungsdiensten rasant zugenommen.
URL-Verkürzungsdienste gab es zwar auch schon vor Twitter, doch erst
durch Twitter wurden sie so richtig populär. Auch hier gibt es eine große
Auswahl an unterschiedlichen Diensten.

Sie verwandeln einen oft unendlich langen Link in einen deutlich kürzeren, der sich optimal für die Verwendung in einem Tweet eignet.

Einer der effektivsten Dienste ist *bit.ly*. *Bit.ly* kann nicht nur mit der Linkverkürzung aufwarten, sondern betreibt zudem ein Link-Tracking für Sie. Sie können also die Links, die Sie von hier aus posten, auch nachverfolgen und auswerten.

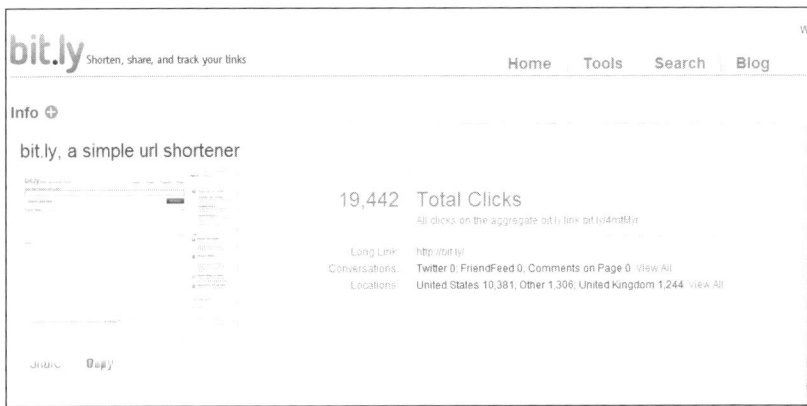

Abbildung 55: URL-Verkürzung *bit.ly*

Bit.ly ist zudem in vielen Zusatzapplikationen wie *tweetdeck.com* oder der Firefox Applikation Power Twitter integriert.

Bit.ly zeigt Ihnen Ihre gesamte Klick-Anzahl an, die Sie dann noch nach Zeiträumen unterscheiden können. So zeigt die Seite an, wie viele User sofort, in der letzten Woche, im letzten Monat und insgesamt auf den Link geklickt haben.

Gleichzeitig sehen Sie, aus welchen Ländern und von welchen Seiten aus dieser verkürzte Link angeklickt wurde. Denn Sie können ja ein und denselben gekürzten Link für viele unterschiedliche Seiten und Blogs verwenden. Sie müssen allerdings auf Dauer sicherstellen, dass der Link immer funktioniert.

Abbildung 56: URL-Verfolgung *bit.ly*

Abgerundet wird der Dienst durch eine Suchfunktion, über die Sie von bit. ly gekürzte Links auf Twitter finden können. Auch hier können Sie sehen, wie oft geklickt wurde, und so die Relevanz der Links und der dazugehörenden Blogs oder Webseiten einschätzen. Das ist übrigens ein weiterer interessanter Weg, neue Twitter-User zu finden. Doch auch die Nutzung von URL-Verkürzungsdiensten hat zwei Seiten. Positiv ist, dass der Nutzer neugierig ist, was sich hinter den verkürzten Links verbirgt, und das ist

zugleich auch der negative Aspekt. Schließlich kann sich hinter dem verkürzten Link auch eine nicht vertrauenswürdige Seite verstecken.

Das führt dazu, dass einige Twitter-Nutzer, die schon mehrfach auf merk-
würdigen Seiten gelandet sind, zurückhaltender auf verkürzte Links klicken. Dieser Gefahr können Sie dadurch begegnen, dass Sie sich eine gute
Online-Reputation aufbauen. Wenn Sie das Vertrauen Ihrer Follower genießen, wissen diese, dass Sie nur „saubere" Links posten, die gefahrlos
angeklickt werden können.

Als Twitter-Nutzer können Sie sich dadurch schützen, dass Sie für Mozilla
Firefox das Add-on Power Twitter installieren, welches Ihnen zum Beispiel
auch verkürzte Links ausgeschrieben mit dem Seitentitel anzeigt.

11.5 twibbon.com

Was sind Twibbons? Sie entstanden während der iranischen Präsident-
schaftswahl im Frühjahr 2009. Immer mehr Menschen wollten sich mit den
Menschen im Iran solidarisch zeigen und färbten ihr Profilbild hellgrün
ein oder verpassten ihm eine grüne Schleife (ribbon = Band oder Schleife).
Sie kennen diesen Effekt aus dem realen Leben, wenn Sie an Ihrer Jacke
eine rote Schleife tragen und so signalisieren, dass Sie sich mit der Aids-
Bewegung solidarisieren. Wie Sie am Beispiel unserer Profilbilder sehen,
haben wir diese mit unserem Firmen-Logo @Twitt'Coach versehen. Durch
diese Form des persönlichen Brandings kann jeder sehen, wer wir sind und
für was wir stehen.

Auch Sie können sich über die Seite *twibbon.com* ein eigenes Twibbon erstellen oder eines der bereits bestehenden verwenden, um deutlich zu machen, wofür Sie stehen.

Twibbon ist damit grundsätzlich ein sehr interessantes Tool, um seiner Individualität über das Profilbild Ausdruck zu verleihen oder um eine eigene Kampagne zu starten und andere Menschen auf Twitter dafür zu begeistern.

Abbildung 57: twibbon.com

11.6 Klickbare Twitter-Layouts – clickablenow.com

Wie wir in Kapitel 4 gesehen haben, können Sie zwar Ihre grafische und designtechnische Individualität in Ihr Twitter-Hintergrund-Profil bringen. Allerdings bietet Twitter selbst keine Möglichkeit, anklickbare und verlinkte URLs in Ihrem Hintergrund-Layout mit einzubauen.

Doch mit *www.clickablenow.com* gibt es auch für diesen Zweck mittlerweile ein Tool. Es funktioniert allerdings nur, wenn Sie zunächst ein Browser Add-on installieren.

Neben dem kleinen Link im Profil und den Tweets gibt es damit nun eine weitere Möglichkeit für Unternehmen, auf Twitter zu werben. Für das Marketing bedeutet das eine zusätzliche Option, um neue Besucher auf die eigene Website zu leiten.

11.7 Sonderzeichen twittern

Wenn Sie Ihren Tweets gerne eine besondere Note verleihen wollen und sich von der unzähligen Masse der täglich geposteten Tweets abheben möchten, dann bieten sich dazu auch die verschiedenen Sonderzeichen an.

Eine schöne Auswahl davon finden Sie unter *www.tipps-archiv.de/twitteri cons-top-100-symbole-und-abkuerzungen-fuer-twitter.html.*

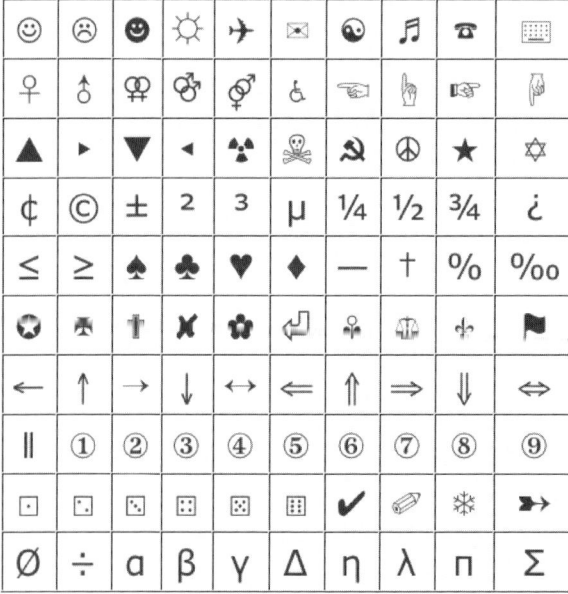

Abbildung 58:
Sonderzeichen

Sie brauchen die Zeichen dann nur per Drag-and-Drop kopieren und in Ihre Tweets einfügen.

Eine weitere Auswahl finden Sie unter *www.tweetsmarter.com.* Über diese Seite können Sie auch direkt nach der Wahl des entsprechenden Sonderzeichens tweeten.

11.8 ping.fm

Was ist *ping.fm*? Ganz simpel erklärt erlaubt Ihnen dieser Service, Ihre Nachrichten in aktuell 40 verschiedenen Social Networks, Blogs und Mail-Clients gleichzeitig zu posten. Das spart Ihnen enorm viel Zeit und bringt Ihnen maximale Strahlkraft und Reichweite für Ihr Social-Media-Marketing. Darunter sind natürlich die ganz großen, wie Facebook, Twitter, Myspace, LinkedIn und Flickr, aber auch viele kleine interessante Netzwerke und Dienste.

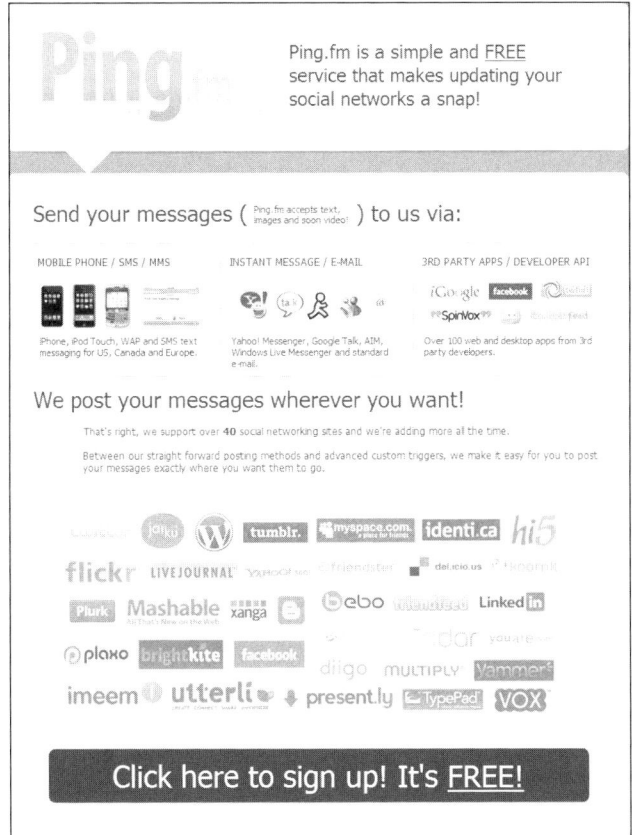

Abbildung 59:
ping.fm

11.9 Twitter-Monitoring – monitter.com

Viele der Multi-User-Clients oder „Multi-Account-Manager", wie wir sie bisher genannt haben, integrieren bereits die Überwachung von Schlüsselwörtern in spezifischen Tweets und Links.

Bei all den vielen Informationen, die im Sekundentakt durch die Twittersphäre schwirren, ist es nicht immer ganz einfach, einigermaßen den Überblick zu behalten.

Ein schönes, weil einfach zu bedienendes Tool ist *www.monitter.com*. Hier geben Sie Ihre Suchbegriffe ein, und können so in Echtzeit erkennen, was gerade in Kombination mit diesen Suchbegriffen getwittert wird.

Besonders wertvoll ist die Tatsache, dass Sie lokale Tweets eingrenzen können. Denken Sie an unsere Weinhandlung aus München, die neue Weinliebhaber sucht!
Natürlich gibt es noch weitere Monitoring-Tools, die wir Ihnen aus Platzmangel nicht detailliert vorstellen können.

Dennoch sei hier noch auf weitere Dienste verwiesen, und wir laden Sie ein, sich auch diese anzusehen und auf ihre Tauglichkeit für Ihre eigenen Zwecke zu prüfen: *twist.flaptor.com, www.twitscoop.com sowie twitturly.com*.

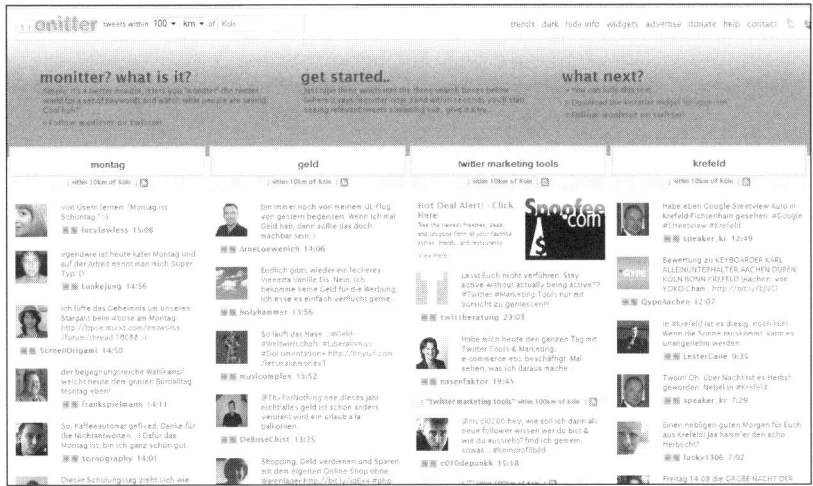

Abbildung 60: Monitoring-Tool *monitter.com*

11.10 Ein Webshop, der twittert – Twox

Wie Sie bereits heute Ihre Produkte über einen Onlineshop in Verbindung mit Twitter effektiv vermarkten können, zeigt das Zusatzmodul Twox für die Webshops der Firma OXID eSales AG. Damit Sie diese Anwendung nutzen können, brauchen Sie lediglich einen OXID-Shop sowie natürlich einen gültigen Twitter-Account.

Durch Eingabe von artikelbezogenen Schlagwörtern erleichtert Twox es dem Shop-Betreiber, Artikel und potenzielle Interessenten zu finden. Die Lesbarkeit wird ebenfalls erhöht, was sich wiederum positiv auf die Suchmaschinenoptimierung auswirkt, denn Google indiziert Tweets.

Um potenzielle Interessenten auf sich aufmerksam zu machen, analysiert Twox alle Nachrichten auf Suchkonstellationen und findet entsprechende Twitter-User. Schreibt also ein Twitter-User eine Nachricht, die einer der

Suchkonstellationen entspricht, wird ihm automatisch gefollowed. Die Suchkonstellation wird dabei vom Shopbetreiber definiert.

Beispiel:

Der Shopbetreiber eines Postershops definiert die Suchkonstellation „Poster Twilight". Twox durchsucht daraufhin alle Tweets nach den Begriffen „Poster" und „Twilight". Dabei müssen die Begriffe nicht in direktem Zusammenhang stehen. Es werden also sowohl twitternde Posterliebhaber gefunden als auch Fans der Serie Twilight. Beide Twitter-User-Gruppen sind potenzielle Interessenten für den Postershop.

Das Suchen nach neuen Twitter-Usern anhand der Schlagwörter sowie das Versenden der Nachrichten geschehen automatisch, sobald man sich in die OXID-Admin-Oberfläche einloggt. Diese Funktionen können aber auch jederzeit manuell per Klick ausgeführt werden.

Optional kann der Shopbetreiber bestimmen, ob gefundenen Twitter-Usern automatisch gefollowed werden oder ob dies manuell geschehen soll. Beim automatischen Followen besteht die Möglichkeit, den neuen User per Willkommensnachricht zu begrüßen. Diese kann auf Deutsch oder Englisch eingegeben werden. Twox erkennt, welche Sprache der Interessent verwendet und verschickt die Nachricht entsprechend.

Folgt ein Twitter-User dem Shop, so wird ihm ebenfalls automatisch gefollowed und erhält eine Dankesnachricht.

Als zusätzliches Feature bietet das Twox die Möglichkeit, seinen Followern einzigartige Leistungen zu offerieren. So können Sie bei jedem Artikel bestimmen, ob dieser exklusiv via Twitter veröffentlicht wird.

Der Artikel erscheint dann gar nicht erst im Shop, sondern ist nur über den Link, den Twox versendet, für Ihre Follower zu erreichen. Auf diese Weise können Sie beispielsweise Artikel zu Sonderkonditionen anbieten oder Sie machen Ihren Followern exklusive seltene Artikel zugänglich. Damit können Sie mit Twox hervorragende Kundenbindung betreiben.

Für den Shopbetreiber ergeben sich folgende Nutzen:
• Google indiziert Tweets
• Das Suchmaschinenmarketing wird unterstützt
• Sie bekommen gute Backlinks
• Erhöhte Kundenbindung
• Exklusivität für Follower in Form von speziellen oder seltenen Artikeln
• Sonderkonditionen
• Eine Vorschau auf neue Artikel
• Exklusive Informationen
• Höhere Konversionsraten
• Höhere Einkaufsfrequenz durch aktive Gewinnung von Interessenten
• Optimierung der Produktpromotion
• Steigerung der Abverkäufe
• Gewinnung von Neukunden aus dem Interessengebiet des Shops

Erfolgreich eingesetzt wird das Shop-Zusatzmodul Twox bereits bei *www.twostars.de*. Die Tweets finden Sie unter *www.twitter.com/postershop*. Wie wir finden, ein intelligenter Ansatz und ein weiterer Weg, wie Sie Twitter für die Vermarktung Ihrer Webshop-Produkte nutzen können.

11.11 Online- und Offline-Marketing verbinden

Wie wir im nächsten Kapitel sehen werden, eignet sich Twitter sehr gut dafür, die Online- mit der Offlinewelt zu verbinden.

Unserer Einschätzung nach werden Internet und Social-Media-Nutzung künftig so selbstverständlich sein, dass wir keine Unterschiede mehr in der Bezeichnung machen werden.

Deshalb empfehlen wir Ihnen, sich schon heute darüber Gedanken zu machen, wie Sie beides individuell in Ihrer Branche miteinander vernetzen können. Zumindest eines scheint jetzt schon offensichtlich, dass es nämlich sinnvoll ist, alle Print-Drucksachen oder auch Verpackungen mit Ihrem Corporate Twitter-Account zu versehen. Spätestens dann, wenn immer mehr Kunden Sie nach Ihrem Twitter-Account fragen, wird es Zeit, dies umzusetzen.

Denken Sie zurück an die Zeit vor circa 15 Jahren, als das Internet zum Massenmedium wurde und die E-Mail ins Geschäftsleben Einzug hielt. Etwas Ähnliches passiert gerade mit Twitter – nur wird die Entwicklung deutlich schneller sein. Noch können Sie diesen Trend als einer der ersten von Beginn an nutzen und mitgestalten.

Schauen wir uns nun an, wie sich Twitter mit dem realen Leben vernetzen lässt und welche Vorteile Sie mit Twitter im Eventbereich nutzen können.

12.
Twitter Real-Live auf Messen und Events

Da Twitter Unmittelbarkeit, Nähe, Transparenz und auch Schnelligkeit bedeutet, eignet es sich optimal für den Einsatz auf Events, wie Messen, Kongressen und Sport-Großveranstaltungen. Wir werden uns in diesem Kapitel anschauen, wie Sie bereits heute Twitter mit dem realen Leben verbinden können.

12.1 Live-Berichterstattung

Nehmen wir ein sportliches Großereignis, wie eine Welt- oder Europameisterschaft oder die Olympiade.

Twitter ist dafür prädestiniert, bei spannenden Entscheidungen die Menschen live mit einzubeziehen, die in entscheidenden Sekunden, in denen oft ganze Nationen den Atem anhalten, nicht an einem Radio oder Fernseher sitzen können. Twitter fungiert in diesem Fall also als Live-Info-Stream!

12.2 Event-Promotion

Twitter eignet sich aber nicht nur für eine Live-Bericht-Erstattung bei Groß-Events, sondern es kann jede Veranstaltung medial begleiten. Es bietet vielfältigen Nutzen in den unterschiedlichen Phasen eines Events.

Sie sollten bereits in der Phase der strategischen Planung damit beginnen, darüber nachzudenken, ob Sie Twitter für ein zukünftiges Event einsetzen. Achten Sie darauf, dass der Event-Name identisch mit dem Twitter-Account sein sollte. Also ist es wichtig, frühzeitig zu prüfen, ob der Name noch frei ist.

Dann sollten Sie Ihren Account bis zum Beginn der Veranstaltung best-möglich bewerben und auf den Event selbst hinweisen. Denken Sie daran, dass je nach Größe der Veranstaltung ein festes Twitter-Redaktionsteam festzulegen ist, das sich vor, während und nach dem Event um den Account kümmert.

Machen Sie einen genauen Zeitplan und legen Sie die Technik fest, die Sie für das Event-Twittern benötigen. Zum Beispiel brauchen Sie eine Twitter-wall, also eine Anzeigewand, auf der alle Tweets, die die Teilnehmer und Besucher twittern, zu sehen sind. Eine kostenlose Twitterwall finden Sie unter *www.twitterwall.me*.

Abbildung 61 auf der folgenden Seite zeigt Ihnen eine bestehende Twitter-wall zu dem Hashtag #Garten.

Während der Veranstaltung sollten Sie dann möglichst viel mit den Gästen interagieren und Ihnen zum Beispiel Tipps über die Vorträge oder Sonder-schauen geben oder sonstige tagesaktuelle Informationen wie Änderungen im Ablauf bekanntgeben.

Nach der Veranstaltung können Sie den Twitter-Account dann für die Nach-lese nutzen. Meinungen der Teilnehmer, weiterführende Informationen zu Ausstellern oder Referenten oder der Ausblick auf ein zukünftiges Event – all das ist möglich. Twitter ist tatsächlich ein machtvolles Instrument zur Unterstützung Ihrer Event-Promotion.

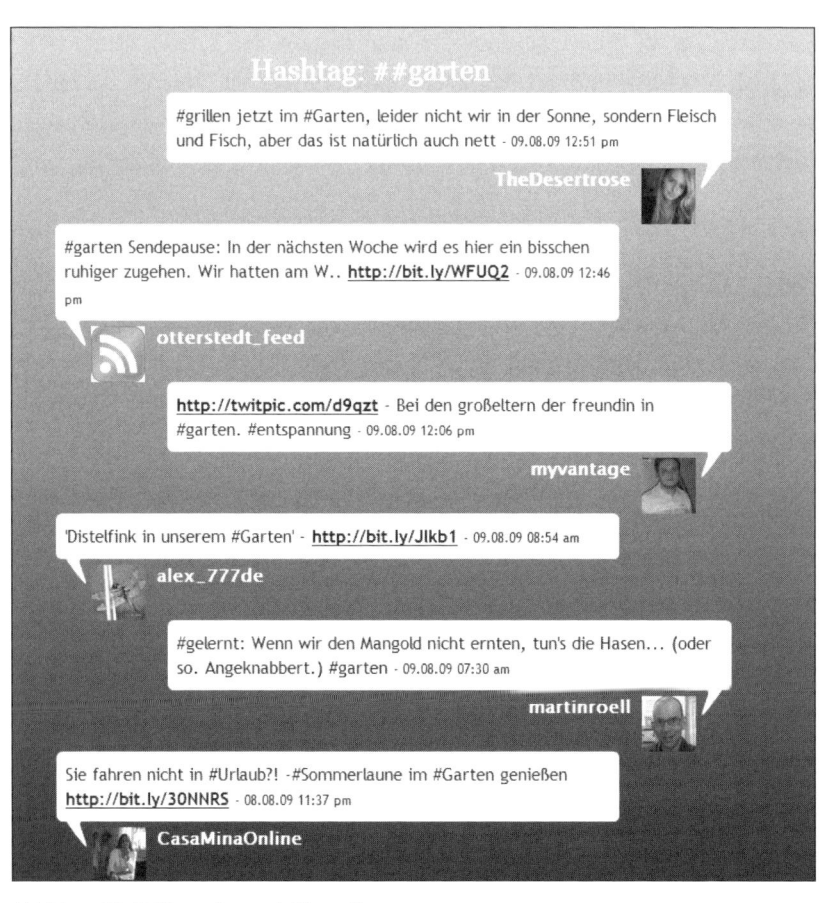

Abbildung 61: Twitterwall *www.twitterwall.me*

12.3 Twittern in jeder Lebenslage

Wie wir an vielen unterschiedlichen Beispielen in diesem Buch bereits gezeigt haben, entwickeln wir uns in eine Zeit hinein, in der uns das Internet durch die Nutzung von mobilen Endgeräten ständig zur Verfügung stehen wird.

In Asien können wir bereits erkennen, wohin diese Entwicklung im Umgang mit dem mobilen Internet gehen wird. Auch in Deutschland und Europa ist diese Entwicklung nicht mehr aufzuhalten, auch wenn sie von Land zu Land mal mehr, mal weniger intensiv ausfallen wird.

Insofern wird auch die Twitter-Nutzung, die schon heute nur noch zu gut fünfzig Prozent über den Webbrowser stattfindet, künftig alle Lebenssituationen durchdringen.

Viele twittern bereits heute über das iPhone oder ein anderes Smartphone und können daher praktisch von jedwedem Ort der Welt aus mitteilen, was sie gerade erleben.

Ob im Flugzeug oder in der Bahn, in einer Konferenz oder einem Seminar oder bei der Wahl zum Bundespräsidenten – getwittert wird alles in allen Lebenslagen. Heute schon!

12.4 Twittwoch, Twittagessen und BarCamps

Wie wir bereits aufgezeigt haben, sollten virtuelle Kontakte auch ins reale Leben übertragen und auch dort gepflegt werden, wenn sie zu funktionierenden Beziehungen werden sollen. Dazu gibt es keine bessere Gelegenheit, als sich mit Menschen zu treffen, die an ähnlichen Themen interessiert sind wie Sie. Auch zu Twitter gibt es diese „Branchen-Treffs", wo Menschen sich mit Ihnen im realen Leben über Twitter und seine Möglichkeiten im Unternehmenseinsatz austauschen.

Twittwoch:

Der Twittwoch ist ein sogenanntes Tweetup, also ein Treffen von Twitter-Usern im realen Leben zum Thema Corporate Twittering.

Dort tauschen sich aktive Unternehmens-Twitterer über Best Practices, Dos and Don'ts, neue Tools und interessante Kampagnen sowie mögliche Nutzungen von Twitter und Networking aus. Der Twittwoch ist somit ein sehr effektives Medium zum Wissenstransfer und -austausch.

Bei alledem darf der Spaß natürlich auch nicht zu kurz kommen.

Der erste Twittwoch fand im Mai 2009 in Berlin statt. Mittlerweile gibt es ihn auch in Hamburg, Köln und München. Und mit der wachsenden Zahl deutscher Twitter-User werden mit Sicherheit noch weitere Städte dazukommen. Die Vorträge tragen die Teilnehmer selbst bei, es gibt lediglich ein Organisationsteam. Weitere Informationen zum Twittwoch, auch die interessanten Präsentationen der vergangenen Twittwochs, finden Sie unter *www.twittwoch.de.*

Twittagessen:

Auch ein Twittagessen ist so ein Real-Live-Treffen, bei dem Sie sich mit Twitter-Usern live treffen können, mit denen Sie sich vielleicht schon wochenlang virtuell ausgetauscht haben. Darüber hinaus ist dies auch eine willkommene Gelegenheit, mal wieder aus dem Büro zu kommen.

Wie der Name schon vermuten lässt, findet das Twittagessen vorrangig in der Mittagszeit statt, kann aber grundsätzlich zu jeder Tageszeit durchgeführt werden. Findet es zum Beispiel abends statt, wird es als Twabendessen bezeichnet. Um weitere Informationen zu finden, benutzen Sie einfach den Hashtag #Twabendessen oder #Twittagessen.

Ursprünglich stammt die Idee aus Belgien und wird dort unter *twunch.be* durchgeführt. In Deutschland haben dann Roman Zenner, @rzenner, und Christoph Zillgens, @czillgens, die Idee aufgegriffen und online gestellt. Wo Sie sich aktuell zu einem Twittagessen treffen können, erfahren Sie immer unter *www.twittagsessen.de*. Selbst wenn es aktuell kein Twittagessen in Ihrer Stadt gibt, können Sie über diese Seite jederzeit ein eigenes Twittagessen organisieren.

BarCamps:
Auch BarCamps bieten sich an, um Twitter-Wissen aus der ersten Reihe zu erhalten. BarCamps werden in den USA seit 2005 durchgeführt. Ursprünglich wurden BarCamps zu Web 2.0-Themen und Web-Anwendungen sowie sozialer und Open-Source-Software durchgeführt und organisiert.

Mittlerweile werden jedoch auch BarCamps zu allen Facetten bestimmter Themen ausgerichtet. So gibt es zum Beispiel das BibCamp, das sich mit dem Einsatz von Web 2.0 in Bibliotheken befasst. Und natürlich finden auch BarCamps zum Thema MicroBlogging statt.

So organisierte Cem Basman, @CemB, bereits im Januar 2009 die erste MicroBlogging-Konferenz in Hamburg. Hier ging es nicht nur um Twitter, sondern um die MicroBlogging-Szene insgesamt sowie um weitere Twitter-Klone, auf die wir aber hier nicht weiter eingehen werden. Wer weitere Informationen zur MicroBlogging-Konferenz sucht, wird auf *www.mbc09. de* und über den Hashtag #mbc09 fündig. Möchten Sie generell mehr über

BarCamps in Deutschland und weltweit erfahren, empfiehlt sich die Seite *www.barcamp.org* für weitere Recherchen.

12.5 Do you poken? – Die digitale Visitenkarte im Social-Media-Bereich

Wer viel im Web unterwegs ist und sich mit Social-Media-Netzwerken beschäftigt, stolpert immer häufiger über das Wort Poken.

Da diese Poken relativ neu und noch nicht sehr weit verbreitet sind, stellen wir Ihnen diese „digitalen Visitenkarten" kurz vor.

Poken sind die Schnittstelle der Social Networks, wie Twitter zur realen Welt.

Poken sind kleine elektronische Gadgets, die den Austausch von Kontaktdaten über die Mitgliedschaft in Social Networks in der realen Welt sehr einfach machen. Dabei können die kleinen Geräte wesentlich mehr als diese Daten nur zu speichern.

Die von der Schweizer Firma Poken S.A. entwickelten Schlüsselanhänger haben die Form kleiner Figuren und enthalten neben der Visitenkarte auch noch Links zu den eigenen Social Networks, wie beispielsweise Facebook, Twitter, Xing und noch viele weitere.

Was ein Poken so interessant macht, ist der vollkommen unkomplizierte Austausch der Daten. Werden nämlich zwei dieser Poken an der „Hand" aneinander gehalten, tauschen sie innerhalb weniger Sekunden ihre Daten aus. Dabei bestimmt der Benutzer selbst, welche der Daten weitergegeben werden.

Man legt seine Visitenkarte online an, die dann bei Berührung ausgetauscht wird.

Dabei sind die Daten aber nicht auf dem Poken selbst gespeichert, sondern werden nur per ID erkannt, wenn man seinen Poken mit dem Rechner verbindet. Die Visitenkarten kann man als Benutzer selbst gestalten, oder man greift auf eine Vielzahl von Designs zurück, die bereits von anderen Poken-Usern zur Verfügung gestellt wurden. Die Designs sind unter *pokendesign. de/index.php?module=cards* zu finden.

Man kann bis zu 64 Kontakte speichern, die dann nach dem Anstecken am Rechner einfach ausgelesen werden.

Es gibt ein schönes Video, das anschaulich erklärt, was ein Poken ist und wie es funktioniert. Sie finden den RTL2-Beitrag unter *www.youtube.com/ watch?v=ZApDVtBZkLo*.

Wenn Sie zur stetig wachsenden Gemeinde der Poken-Besitzer gehören, möchten Sie vielleicht wissen, ob es in Ihrer näheren Umgebung bereits andere Poken-User gibt. Diese finden Sie unter *www.pokenvision.com*. Dort haben bereits über 600 Inhaber eines Pokens ihren Standort eingetragen.

Auch für Geschäftsleute sind Poken interessant, denn der Austausch von Kontaktdaten und Network-Profilen gestaltet sich sehr einfach. Nutzt man Twitter aktiv für sein Marketing und die Corporate Communication im Unternehmen, tragen Poken dazu bei, den eigenen Twitter-Account effizient zu verbreiten.

Der Kritik, dass die derzeitigen Poken eher aussehen wie Kinderspielzeug, wurde Rechnung getragen. Im Herbst 2009 werden daher businessfähige Poken erscheinen.

Poken können zudem bei Veranstaltungen gut eingesetzt werden, wie ein Beispiel von Thorsten Zoerner bei IBM zeigt. Dabei wurden die Poken an alle Teilnehmer ausgegeben. Beim Verbinden mit dem Rechner wurden die Benutzer auf spezielle Landingpages (Internetseiten) geleitet, auf denen Präsentationen hinterlegt waren.

Letztendlich sind Twitter und die Poken eine optimale Synergie und vereinfachen das Netzwerken im realen und digitalen Leben. Bleibt also nur noch die Frage: „Do you poken?"

Abbildung 62: Do you poken?

13.
Bezahlte Werbung auf Twitter

Je bekannter Twitter in der Wirtschaftswelt wurde, desto mehr wuchs das Interesse von Unternehmen, Twitter auch als Werbekanal für ihre Produkte zu nutzen.

Online-Vermarktung ist ein milliardenschwerer Markt, und jede neue innovative Möglichkeit, mit der man Aufmerksamkeit und Besucher auf eine Homepage oder einen Web-Shop bringen kann, wird gern angenommen.

Mittlerweile gibt es natürlich auch Services, die sich auf die Vermarktung von Produkten und Diensten und entsprechende Twitter-Online-Werbung spezialisiert haben.

Diese Seiten bieten Twitter-Nutzern Geld an, wenn sie individuell konfigurierte Werbe-Tweets über ihren Account posten.

13.1 be-a-magpie.com

Ein sehr bekannter Service ist *be-a-magpie.com*. *Be-a-magpie.com* ist ein sogenanntes Werbe-Netzwerk, das werbetreibende Unternehmen, Vermittler, also die Nutzer, die Werbung über ihre Accounts posten lassen, sowie Konsumenten über eine Plattform zusammenbringt.

Als Nutzer können Sie sich bereits auf der Startseite berechnen lassen, wie viel Geld Sie monatlich über diesen Service verdienen können. Woraus Magpie diese Angaben errechnet, ist uns leider nicht bekannt.

Der Dienst ist einfach zu bedienen. Nachdem Sie sich mit Ihrem Twitter-Account angemeldet haben, holt sich *magpie.com* alle relevanten Daten über Ihre Follower und die bereits von Ihnen geposteten Tweets von Twitter und schlägt Ihnen dann zu Ihrem Twitter-Account passende Werbe-Tweets vor.

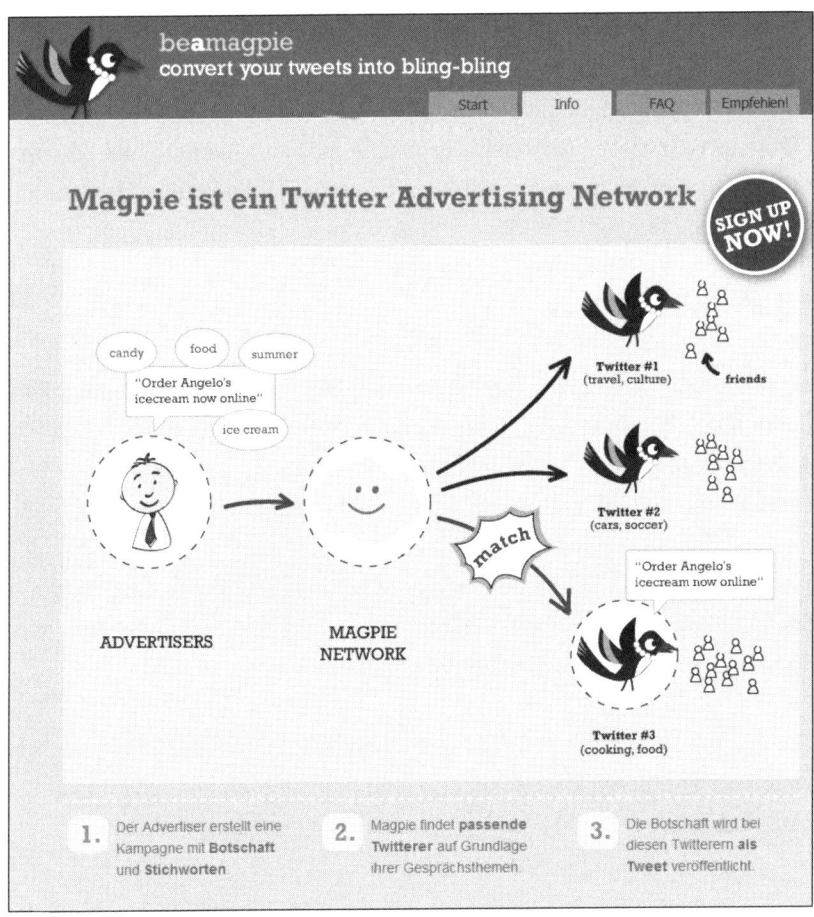

Abbildung 63: *be-a-magpie.com*

Sie haben jederzeit die Kontrolle darüber, welche Werbe-Tweets von Ihrem Account aus getwittert werden, indem Sie jeden einzelnen Tweet manuell freigeben. Alternativ legen Sie nach Ihren eigenen Kriterien fest, welche Tweets in welchen Abständen automatisch veröffentlicht werden.

Die verdienten Provisionen können Sie sich entweder auszahlen lassen oder auch für eine eigene Kampagne verwenden. Denn natürlich können Sie auch Ihre eigenen Produkte über dieses Werbenetzwerk bewerben. Obwohl die Akzeptanz dieser Twitter-Werbedienste gerade in Deutschland umstritten ist, werden sie dennoch weiter wachsen und an Bedeutung gewinnen.

13.2 revtwt.com

Auch die Seite *revtwt.com* bietet Ihnen die Möglichkeit, Ihre eigenen Produkte über Twitter zu bewerben oder auch über ausgewählte Werbe-Tweets daran mitzuverdienen. Es stehen Ihnen 19 verschiedene Kategorien zur Verfügung, von Dating-Services über Software bis hin zu Webseite-Werbung.

Sie wählen einfach ein Produkt aus, das zu Ihrer Zielgruppe passt und das Sie bewerben möchten. Dann entscheiden Sie nur noch, über welchen Ihrer Twitter-Accounts Sie den Werbe-Tweet posten wollen.

Schon kurze Zeit später können Sie über die Statistikfunktionen sehen, wie viele User auf diesen Link geklickt haben und welchen Verdienst er für Sie generiert hat.

Revtwt.com ist sehr detailliert und bietet Ihnen umfangreiche Informationen über Ihre Werbeaktivitäten an. Da diese Seite nur auf Englisch verfügbar ist, macht die Nutzung allerdings nur dann Sinn, wenn Sie über ein englischsprachiges Twitter-Netzwerk verfügen.

Wir rechnen aber mit der wachsenden Verbreitung von Twitter in Deutschland schon in Kürze mit weiteren, rein deutschsprachigen Diensten dieser Art.

Ob und wie Sie Twitter in dieser Form zur Werbung nutzen, müssen Sie selbst entscheiden. Sie sollten jedoch immer beachten, dass die Verhältnismäßigkeit von Werbe-Tweets zu Ihren allgemeinen Tweets so gering wie möglich ist. Hier gilt es, durch entsprechendes Linktracking ein gewisses Fingerspitzengefühl zu entwickeln, wie empfänglich Ihre Followerschaft für Ihre individuelle Werbung ist. Je weniger und seltener, desto effektiver wird sie sein.

14.
Einsatzmöglichkeiten von Twitter im Unternehmens-Alltag

Wer sich intensiv mit Twitter und seiner rasanten Entwicklung, allein in den zurückliegenden zwölf Monaten, beschäftigt, wird schnell feststellen, dass Twitter nicht nur schon jetzt das Internet verändert hat, sondern dabei ist, als zentraler Bestandteil von Social-Media-Plattformen auch die Wirtschaft und damit langfristig sogar unsere Gesellschaft nachhaltig zu verändern.

Wem das alles zu gewagt und zu weit hergeholt scheint, dem sei die Homepage *www.140conf.com* empfohlen. Diese Seite ist die Homepage der ersten 140-Zeichen-Konferenz, die von Jeff Pulver organsiert und am 16./17. Juni 2009 erstmalig in New York durchgeführt wurde.

Dort versammelten sich 500 der besten Internet-, Medien- und Twitter-Experten der Welt, um von den unterschiedlichsten Case Studies aus den verschiedensten Branchen zu berichten. Sie können auf der Homepage alle 69 Sprecher dieser beiden Tage nachträglich ansehen. Und wer live an zukünftigen Konferenzen teilnehmen möchte, kann dies bereits im Herbst 2009 in Los Angeles und London tun.

Twitter ist durch die offene API-Programmier-Schnittstelle in den unterschiedlichsten Bereichen einsetzbar. Nicht alles davon macht Sinn, einiges wird sicher auch schnell wieder als Spielerei abgetan. Da die Amerikaner von ihrem unbändigen Pioniergeist angetrieben werden und selten lange fackeln, wurde Twitter in den USA in vielen Unternehmen sehr schnell integriert.

Das trifft auf multinationale Großkonzerne wie Dell Inc., die Fluggesellschaft JetBlue, den Online-Schuhversand Zappos ebenso zu wie auf kleinste unternehmerische Einheiten, wie beispielsweise mobile Verkaufsstände in den Hochhausschluchten von Manhattan.

Auch bei uns in Deutschland gibt es seit einigen Monaten die ersten Pionie-re, die Twitter in den Unternehmensalltag integrieren.

Als wir selbst Twitter Ende 2008/Anfang 2009 kennenlernten, war uns so-fort klar, dass dieses Tool nicht nur eine Spielerei für Prominente und Su-perstars ist, sondern dass in Twitter und seiner Anwendung eine enorme Macht für jeden Einzelnen und ein grenzenloses Nutzenpotenzial liegen.

Und das gilt sowohl für große Unternehmen und Konzerne als auch und vor allem für kleine und mittlere Unternehmen, und erst recht für die vie-len Solo-Unternehmer und Freiberufler. Wie bereits mehrfach erläutert, befinden wir uns derzeit noch in der Experimentierphase. In Deutschland sind gefühlte 98 Prozent der unzähligen Zusatzapplikationen nach wie vor in englischer Sprache. Doch inzwischen tut sich auch hier einiges. Schon bieten die ersten deutschen Unternehmen und Agenturen Zusatz-Tools für Onlineshops an, und es gibt sogar erste rein deutsche Twitter Start-Ups.

Viele Einsatzmöglichkeiten von Twitter sind sicherlich auch branchenspezi-fisch und unterm Strich werden erst die Erfolgszahlen verraten beziehungs-weise die User entscheiden, was langfristig Sinn macht. Neben den bereits vorgestellten Best-Practice-Beispielen gibt es noch einige weitere nachah-menswerte Beispiele, die wir Ihnen nun ein wenig näherbringen wollen.

14.1 Der Webdesigner und Web-Worker

Für jeden, der heute tagtäglich mit dem Internet arbeitet, wie Freelan-cer und Webdesigner, gehört Twitter unserer Auffassung nach schon zum Pflichtprogramm.

Twitter kann für Sie ein optimaler Kanal sein, um über Ihre Arbeit zu berichten, auf neue Projekte und Dienstleistungen aufmerksam zu machen und um sich in der digitalen Welt bekannt zu machen. Da Twitter momentan nur von sehr webaffinen Berufsgruppen genutzt wird, sind Ihre Kunden bereits da und warten nur darauf, von Ihnen mit interessanten Beispielen Ihrer digitalen Arbeit überrascht zu werden.

14.2 Das Restaurant oder die Pizzeria twittert

Auch im Gastronomiebereich machen es uns die Amerikaner wieder mal vor. Kleine oder neu gegründete Restaurants haben selten ein großes monatliches Werbe-Budget. Daher nutzen einige davon Twitter, um neue Gäste zu gewinnen. In gewisser Weise könnte man hier zu Recht von der Demokratisierung der Werbung sprechen.

Wie zum Beispiel Curtis Kimball, der in San Francisco einen Stand für französische Leckereien betreibt. Er entdeckte Twitter mehr durch Zufall: Genauer gesagt erzählte ihm eine Kundin, sie hätte seinen Stand über Twitter gefunden.

Abbildung 64:
Crème brulée Stand

Mittlerweile hat Kimball 5.400 Follower, die über seinen Twitter-Account erfahren, wo sein aktueller Standort ist und welche Tagesspezialität er anbietet.

Was die Großen wie Starbucks oder Dell bereits in Amerika professionell und mit hohen Umsätzen betreiben, das nutzen jetzt auch die Tante-Emma-Läden: Viele „Mom-and-Pop"-Shops vermarkten ihr Angebot ausschließlich auf diesem Weg, da ihnen Geld für konventionelle Werbung oder den Betrieb einer Homepage fehlt. Und auch hier bestätigt sich wieder die alte Weisheit, dass die beste Werbung begeisterte Kunden sind. Auch der Wirtschaftsforscher Greg Sterling hat herausgefunden, dass kleine Wirtschaftsunternehmen mehr als die Hälfte ihrer Kunden über persönliche Empfehlungen bekommen. Und genau das ist das Plus des Kurznachrichtendienstes Twitter – wir nennen das den Twitter-Faktor!

Aber nicht nur kleine, mobile Verkaufsstände wie die von Curtis Kimball nutzen Twitter für ihre Kundengewinnung, sondern auch Lokale wie die Pizzeria Naked Pizza in New Orleans (@NAKEDpizza). Auch dieses Restaurant hat bereits über 5.000 Follower und informiert seine Kunden über seinen Twitter-Account. In einem Tweet vom 20.06.09 ist zu lesen, dass die Umsätze im Vergleich zum Vorjahresmonat um 105 Prozent zugenommen haben. Das kann sich sehen lassen, oder?

Diese Steigerung erklärt sich durch die Art und Weise, wie NakedPizza mit seinen Kunden kommuniziert. So können alle, die bei NakedPizza essen, bestellen oder auch nur daran vorbeifahren, sehen, dass hier getwittert wird. Das riesige Schild mit dem Twitter-Account ist wirklich unübersehbar.

Abbildung 65:
Werbetafel
nakedpizza.com

Natürlich kann sich nicht jeder so ein großes Schild vor die Türe stellen. Wir haben dieses Beispiel gewählt, um Ihr Bewusstsein dafür zu schärfen, wie Online- und Offline-Marketing miteinander zu verschmelzen sind. Wir warten schon gespannt darauf, wann wir in Deutschland die ersten Twitter-Accounts auf Autos oder LKWs lesen können.

Doch auch in Europa lassen sich inzwischen einige interessante Beispiele finden. So twittert etwas das Wiener Café Reisinger`s schon fleißig und hat bereits über 500 Follower, die den kulinarischen Tweets folgen. Wer sie liest, bekommt sofort Hunger. Übrigens haben wir den Tipp zu diesem Wiener Café natürlich über Twitter bekommen. Wir fragten unser großes Netzwerk nach Twitter-Usern im Gastronomiebereich und erhielten innerhalb kurzer Zeit zahlreiche Antworten. Wir sind nach wie vor davon begeistert, wie schnell dieses menschliche Google funktioniert.

Hier haben wir für Sie eine kleine Liste weiterer twitternde Restaurants zusammengestellt, die wie immer keinen Anspruch auf Vollständigkeit hat.

- Café Abseits, Bamberg: *twitter.com/abseits_bamberg*
- Brauhaus Bönnsch, Bonn: *twitter.com/boennschde*
- Bullerei, Hamburg: *twitter.com/bullerei*
- Dorotheenhof, Weimar: *twitter.com/dorotheenhof*
- Echinger Sonnengarten, Eching: *twitter.com/sonnengarten*
- Esstaurant, Berlin: *twitter.com/esstaurant*
- Fischers Fritz, Kiel: *twitter.com/fischersfritz*
- Gasthaus Rudolph, Liederbach: *twitter.com/gasthausrudolph*
- Goldene Sonne, Annaberg-Buchholz: *twitter.com/goldenesonne*
- Lokal Mangold, Hamburg: *twitter.com/mangold_lokal*
- Niederlassung, München: *twitter.com/niederlassung*
- Oberholz, Berlin: *twitter.com/oberholz*
- Reisingers, Wien: *twitter.com/reisingers*
- Schloss Rheinfels, St. Goar: *twitter.com/romantikhotel*
- Singer 109, Berlin: *twitter.com/singer109*
- Subway, Bamberg: *twitter.com/subway_bamberg*
- Restaurant Tafelhaus, Backnang: *twitter.com/_tafelhaus*
- Tony's Coffee, Senden: *twitter.com/tonyscoffee*

Doch nicht nur in den Metropolen wird Twitter heute bereits sehr erfolgreich genutzt, auch in eher ländlichen Gebieten wird es vor allem für den Kundendienst eingesetzt.

14.3 Das Hotel twittert seine Gäste in die Betten

Wie Sie bereits in den Suchbeispielen in Kapitel 6 und den bisher genannten Praxisbeispielen gesehen haben, eignet sich das Gastgewerbe generell sehr gut für den Einsatz eines Twitter-Accounts. Gerade weil diese Branche ja seit vielen Jahren mit dem Attribut „Servicewüste Deutschland" zu kämpfen hat, kann jeder Gastronom und Hotelier sich mit einem Twitter-Account als servicefreundliches und innovatives Unternehmen positionieren und von sich reden machen. Die Möglichkeiten sind vielfältig, ob das Hotel nun spezielle Events und Highlights ankündigt oder Kunden-Feedback anfragt. Natürlich sind auch Veranstaltungen, die die Region oder den Ort betreffen, für potenzielle Gäste interessant.

Denkbar wäre auch, dass die Kunden ein Hotel direkt über Twitter bewerten können, was dann direkt in ein Bewertungs-Portal einfließt oder auf der Homepage sichtbar gemacht wird. Auch ein interner hoteleigener Twitter-Service wäre machbar. So könnten die twitternden Gäste ihre Fragen und Wünsche an einen internen Twitter-Account senden, die dann weitergeleitet und bearbeitet würden.

Möglicherweise könnten auf diesem Weg auch Reservierungsanfragen direkt erledigt werden. Wir sind davon überzeugt, dass in den nächsten Jahren noch viele unterschiedliche, interessante Modelle entstehen werden, Twitter auf kreative Art und Weise im Hotel- und Gaststättengewerbe einzusetzen.

Schauen Sie sich für einen kleinen Vorgeschmack schon einmal bei folgenden Hotels um, die bereits einen eigenen Twitter-Account nutzen.

- Bostelmann's Hotel, Tostedt: *twitter.com/bostelmanns*
- Grand Hotel, Heiligendamm: *twitter.com/GHHeiligendamm*
- Holiday Inn, Bautzen: *twitter.com/hibautzen*

- Hotel Meerane, Meerane: *twitter.com/hotel_meerane*
- Hotel Wartburg, Stuttgart: *twitter.com/hotelwartburg*
- Schloss Zeilitzheim, Kolitzheim: *twitter.com/barockschloss*
- Tourotel Mariahilf, Wien: *twitter.com/hotel_vienna*

14.4 Die twitternde Stadt – Köln

Unter *twitter.com/koeln_de* finden Sie den offiziellen Twitter-Account der Stadt Köln. Allerdings wird das volle Potenzial von Twitter hier noch nicht ganz ausgenutzt, denn es wird nur in eine Richtung kommuniziert. So erfährt man zwar dies und das über den KFC und Poldi, den Zoo und die aktuellen Ereignisse in der Domstadt. Aber ein Dialog findet nicht statt. Doch immerhin: ein Anfang, der sich definitiv noch ausbauen lässt.

14.5 Die deutsche Bahn und Twitter

Auch die Bahn twittert unter *twitter.com/db_info* mit, bisher jedoch nur eingleisig. Sie nutzt Twitter nur als weiteren Informationskanal, um ihre Kunden über Umleitungen, Gleissperrungen und Verspätungen zu informieren. Bisher hat das Unternehmen noch nicht erkannt, welches Potenzial darin steckt, über Twitter ganz direkt mit seinen Kunden zu kommunizieren, also auf Tweets zu reagieren und auch zu antworten.

Aber dennoch finden wir es insgesamt positiv, dass die Bahn ihre Reisenden immerhin aktuell informiert, wenn es unterwegs zu Störungen im Bahnverkehr kommt. Dennoch hat die Bahn hier noch viel Twitter-Potenzial und könnte Twitter noch vielfältiger einsetzen.

14.6 Wie der Winzer seinen Wein zu seinen Kunden twittert

Wer über die Twitter-Suche den Begriff „Wein" eingibt, wird sehr schnell feststellen, dass es eine Menge Weinliebhaber auf Twitter gibt. Das liegt zum einen daran, dass der Großteil der Twitter-User zwischen 25 und 45 Jahren alt ist, und zum anderen steigt der Weinkonsum in Deutschland seit Jahren permanent. Da viele Winzer und Weingüter auch vor Twitter bereits sehr gute PR- und Marketing-Arbeit geleistet haben, ist es nicht verwunderlich, dass diese Branche mit als erste Twitter für sich entdeckt hat.

Mal ehrlich: Twitter und Wein sind ja auch ein tolles Thema. Was gibt es Schöneres, als bei einem guten Glas Rotwein mit Gott und der Welt über Twitter und Wein und die aktuelle Weltlage zu twittern.

Insofern wundern wir uns auch nicht darüber, wie viele Winzer und Weinliebhaber, die sich beruflich mit den guten Tropfen beschäftigen, Twitter bereits auf vielfältige Weise nutzen. Die Weingüter informieren ihre Follower über ihre neuesten Weine und über Restbestände in ihren Weinkellern. Sie können ihre Kunden mit TwitPic nun auch unmittelbar an der Lese im Herbst teilhaben lassen. Denkbar wäre auch eine kleine Dokumentation „Von der Rebe bis ins Glas" mit Kurzvideos zu twittern. Sie sehen, hier gibt es noch viele kreative Möglichkeiten.

Darüber hinaus könnte man Bilder von Weinfesten und Weinproben twittern. Überhaupt lässt sich alles, was mit Events rund um den Wein sowie Workshops, Seminaren und Events zu tun hat, ebenfalls über Twitter an die weintrinkenden Kunden bringen. Auch Wein- und Speise-Empfehlungen in 140 Zeichen oder mit einer Verlinkung auf den firmeneigenen Wein-Blog bieten sich an.

Bei einer eher schnellen und oberflächlichen Suche haben wir folgende twitternden Weingüter gefunden: @braunewell, @weingut_uebel, @weinperle, @weingutUnser. Auch der @WeinReporter oder die @weinlounge sind schon zu finden und sicher noch viele weitere mehr.

14.7 Twitt-Recruiting und Headhunting via Twitter

Sind Social-Media-Kenntnisse, speziell Twitter-Erfahrungen, bald Einstellungskriterien? In vielen Berufen wird das unserer Auffassung nach schon bald so sein!

Wenn Sie sich heute auf dem Arbeitsmarkt bewerben, nehmen die Personalchefs nicht nur Ihre Bewerbungsunterlagen, wie Ihren Lebenslauf und Ihr Motivationsschreiben, genauer unter die Lupe. Sofern Sie in die Endauswahl gekommen sind, wird man Sie auch „googeln", also über die größte Suchmaschine des Internets überprüfen, was es über Ihre Person im Internet zu finden gibt. Mit anderen Worten: Es geht um Ihre Online-Reputation.

Social-Media-Profile wie Xing, Facebook oder LinkedIn eignen sich ausgezeichnet, um mehr über den Bewerbungskandidaten herauszufinden. Hier sind viele Informationen zu Ihren persönlichen Vorlieben und Ihrer Vergangenheit hinterlegt, die für eine Einstellung oder eben eine Absage entscheidend sein können.

In Kürze wird es völlig normal sein, dass man Sie nicht nur „googelt", sondern Sie auch „twittert". Erst wenige Personalchefs und Headhunting-Unternehmen haben bisher diese Möglichkeiten erkannt.

Doch warum ist es für einen Personalentscheider noch viel interessanter, einen eventuellen Job-Kandidaten nicht nur zu googeln, sondern auch über Twitter etwas über ihn in Erfahrung zu bringen?

Ganz einfach: Das Internet und auch Twitter vergessen nie! Über Twitter lassen sich mehr Informationen über einen Menschen herausfiltern, als in einem Lebenslauf jemals stehen wird oder was man in einem aufwendigen Vorstellungsgespräch oder Assessment-Center erfahren könnte.

Weil Sie alles, was ein User jemals getweetet hat, in seiner Timeline zurückverfolgen können, sehen Sie auf einen Blick alles, womit sich dieser Mensch über Wochen, Monate oder Jahre hinweg beschäftigt hat. Sie erfahren, was und über welche Themen er geschrieben, welche Bücher er gelesen und welchen Wein er getrunken hat, auf welche Kinofilme er steht, eventuell sogar, welche politische Gesinnung er vertritt. Er verrät Ihnen, welche Fort- und Weiterbildungen er besucht und an welchen Messen und Konferenzen er teilgenommen hat, oder mit welchen Menschen er über Twitter kommuniziert. Sie bekommen so ein relativ gutes und klares Bild über den einzelnen Menschen. Sicherlich wird es schon bald spezielle Tools geben, die genau diese Informationen aus einer einzelnen Twitter-Timeline auslesen und dann zu einem Persönlichkeits-Profil zusammenstellen.

Auch bei diesem Thema lohnt es sich mal wieder, über den großen Teich, nach Amerika, zu schauen. Im *San Francisco Chronicle* wurde bereits im Juni 2009 darüber berichtet, wie wichtig Social-Media-Kenntnisse bei der Vergabe von Arbeitsplätzen sind.

Bereits heute wird demnach auf großen US-amerikanischen Jobplattformen als wichtige Qualifikation eine Vorliebe für Social-Marketing-Technologien wie Blogging, Facebook und Twitter abgefragt. Noch sind diese Jobangebote vor allem im Marketingbereich mit Bezug auf Social Media zu finden.

Doch das ist erst der Anfang. In ein bis zwei Jahren wird Social-Media-Affinität zu den Softskills des 21. Jahrhunderts gehören. Die Eigenschaft, sich zu vernetzen, digitale Kontakte zu knüpfen und daraus Beziehungen aufzubauen, wird in Zukunft eines der wichtigsten Erfolgskriterien im Berufsalltag unserer globalisierten Welt sein.

Social Media ist kein Trend, der mal eben kommt und wieder vergeht. Social Media ist eine Lebensweise und eine neue digitale Kultur. Sicherlich wird es auch weiterhin viele Berufszweige geben, wo Sie ohne diese Kenntnisse auskommen. Doch überall da, wo es um Vertrieb von Produkten, Marketing, Internet und Multimedia geht, werden diese Fähigkeiten und Kenntnisse gefragt und sogar ein Muss sein.

Natürlich haben Unternehmen auch die Möglichkeit, geeignete Social-Media-affine Mitarbeiter direkt über Twitter zu finden und selbst eine 140-Zeichen-Stellenausschreibung über Twitter zu veröffentlichen. Sie sollten dann darauf achten, den Job-Tweet so zu erstellen, dass er durch die allgemeinen Suchmaschinen und die Twitter-Suche gefunden werden kann.

Folgende Angaben sollte ein Job-Tweet enthalten: Bezeichnung des Stellentitels, Firmenname, Ort und einen gekürzten Link zu der ausführlichen Stellenbeschreibung auf der Homepage oder einer Stellenbörse sowie einen Hashtag.

Das könnte dann so aussehen:
#Hamburg: Leitung Vertrieb-national (m/w) | Erfolgs AG | bit.ly/123beispl

Außerdem gibt es verschiedene Dienste, die eine Integration bzw. Schnittstelle bieten, um Jobs direkt zu indizieren.

14.8 Jobsuche über Twitter

Was bei der Suche nach geeigneten Kandidaten für eine neu zu besetzende Stelle möglich ist, funktioniert natürlich auch in die andere Richtung bei der Jobsuche. Als Bewerber können Sie sich geeignete Jobs natürlich von Ihrem Wunsch-Arbeitgeber präsentieren lassen, indem Sie dem Unternehmen über Twitter folgen. Allerdings haben Sie keine Gewissheit, dass das Unternehmen seine Vakanzen auch wirklich twittert, es sei denn, dieser Account ist als reiner Bewerbungs-Account ausgewiesen.

Eine weitere Möglichkeit, auf Twitter nach Vakanzen zu suchen, ist die normale Suche über Twitter. Dazu geben Sie einfach den Jobtitel und den Ort ein.

Mittlerweile gibt es darüber hinaus schon externe Twitter-Job-Suchmaschinen, die wir hier kurz vorstellen wollen.

1. jobtweet.de
Jobtweet.de ist die erste Stellensuchmaschine für Twitter und in vier Sprachen nutzbar. Mit Hilfe semantischer Filtertechniken kann sie sämtliche Twitter-Beiträge in Echtzeit nach Stellenangeboten durchsuchen (siehe Abbildung 66).

2. www.twitterjobsearch.com
Diese Suchmaschine wird von London aus betrieben und bietet einige interessante Funktionen. Sie können sehen, wie viele Jobs zu Ihrer Suche heute, gestern und davor getwittert wurden. Daneben gibt es eine Übersicht der freien Stellen sowie des jeweiligen Job-Typs, also ob es sich um einen freiberuflichen Job oder um eine Festanstellung handelt und in welchem Land die Stelle zu besetzen ist (siehe Abbildung 67).

Abbildung 66: *jobtweet.de*

Abbildung 67: *www.twitterjobsearch.com*

Einsatzmöglichkeiten von Twitter im Unternehmens-Alltag | **291**

14.9 Deutsche twitternde Unternehmen

Die bisherigen Beispiele sollten Ihnen einen kleinen Überblick über Unternehmen geben, die Twitter in Deutschland bereits einsetzen und Ihnen als Anregung für den Einsatz von Twitter in Ihrem Unternehmen dienen.

Viele deutsche Unternehmen haben sich bereits ihren Corporate Twitter-Account gesichert und nutzen diesen auch schon im Rahmen einer umfangreicheren Social-Media-Kampagne. Andere verhalten sich eher abwartend, und einige wenige experimentieren seit Monaten mit dem neuen Medium und sammeln fleißig Erfahrungen damit.

Wer deutsche Unternehmen auf Twitter sucht, kann das einerseits über die Twitter-Suche tun, oder er nutzt die vielfältigen Listen und Rankings, die wir bereits im Kapitel 6 vorgestellt haben.

Die aktuell umfangreichste Auflistung von deutschen twitternden Unternehmen finden Sie auf der Seite *www.talkabout.de*. Dort sind die Unternehmen nach den Kategorien „Deutsche Marken", „Deutsche Firmen", „Deutsche Manager", „Autobranche", „Reisebranche", „Finanzbranche", „Messen und Events", „ NPOs und Verbände", „Bundesliga", „Redakteure", „Deutsche Medien", „deutsche twitternde Blogs", „twitternde Pressestellen" und „twitternde PR-Berater" zu finden. Gleichzeitig können Sie noch nach Followern, aktiven deutschen Followern, Accountname, Realname und Updates sortieren.

Sicherlich wird es bald noch weitere interessante deutschsprachige Twitter-Portale mit noch umfangreicheren Daten geben. Schauen Sie einfach hin und wieder auf unseren Blog *www.twittcoach.com*. Dort werden wir die aktuellsten Seiten und Entwicklungen kommentieren.

14.10 Neue Geschäftsideen

Wenn Sie noch mehr innovative 140-Zeichen-Geschäftsideen suchen, sind Sie auf der Seite der Shorty-Awards bestens aufgehoben.

Erstmals im Februar 2009 wurden die besten und innovativsten Twitter-Dienste und Geschäftsideen, die Sie mit 140 Zeichen nutzen können, ausgezeichnet.

Bewertet wurde in 25 verschiedenen Kategorien. Für 2009 wird die Nominierung wieder im Herbst beginnen. Weitere Informationen finden Sie auf *shortyawards.com*.

15.
Das 140-Zeichen-Interview

Auch ein mehr oder weniger klassisches Interview kann man über Twitter führen. So sind wir der Interviewanfrage der PZ-News, der Online-Redaktion der Pforzheimer Zeitung, nachgekommen, die uns um ein Interview über Twitter bat. Sowohl die Fragen des Online-Redakteurs als auch unsere Antworten beschränkten sich auf 140 Zeichen und wurden über Twitter gestellt und beantwortet. Lesen Sie das 140-Zeichen-Interview in voller Länge mit den Original-Tweets und entsprechenden Antworten:

@TwittCoach: Herr Berns, haben Sie schon einmal getwittert, als Sie auf dem Klo saßen?

@pznews: *Nein bisher noch nie, ein twitterfreier Raum für mich!*

@TwittCoach: Die Frage ist aus einem Test namens „Bin ich Twitter-süchtig?". Sind Sie Twitter-süchtig?

@pznews: *Würde den Test gerne kennenlernen. Nein, bisher kann ich keine Suchtmerkmale an mir feststellen.*

@TwittCoach: Sie gehören zu den deutschsprachigen Twitterern mit den meisten Verfolgern – ist man da stolz?

@pznews: *Nein, warum sollte ich stolz sein? Spannend zu sehen, dass es dennoch viele gibt, die mir folgen.*

@TwittCoach: Immerhin ist das doch auch ein Stück Arbeit, so viele Follower anzulocken. Oder nicht?

@pznews: *Es hat schon ein wenig Engagement & Zeit gekostet. Arbeit eher das falsche Wort. Es macht Spaß, so viele neue Menschen kennenzulernen.*

@TwittCoach: Auf jeden Fall scheint es nicht ganz einfach zu sein, auf jede Frage eine 140-Zeichen-Antwort zu finden.

@pznews: *Wenn sie spontan und schnell sein soll, kann das schon mal so sein.*

@TwittCoach: Sie arbeiten an einem Buch über Twitter. Eigentlich ist die Plattform doch aber ganz leicht zu verstehen.

@pznews: *Richtig, aber für viele halt doch nicht. Und es geht nicht nur um die Plattform, sondern auch um die vielen Zusatz-Applikationen.*

@TwittCoach: Die da wären?

@pznews: *Es gibt schätzungsweise 1.500 – 2.000 Zusatz-Applikationen, die Sie mit Twitter nutzen können. Täglich kommen neue hinzu!*

@TwittCoach: Was haben Unternehmen davon, wenn sie twittern?

@pznews: *Der Nutzen ist vielfältig. Kostl. Online-PR, Marken-Monitoring, Event-Promotion, Traffic für Blog und die Homepage, Onlineumfragen.*

@TwittCoach: Werden Sie auch manchmal komisch angeschaut, wenn Sie von „Twittern" und „Followern" reden?

@pznews: *Nein, keinesfalls. Twittern ist nichts mehr nur für Geeks, sondern wird immer mehr zum Mainstream, auch in Deutschland und Europa!*

@TwittCoach: Sie folgen über 25.000 anderen Twitterern – Sie können doch unmöglich lesen, was die alles schreiben.

@pznews: *Das ist auch nicht notwendig, ich nehme in der Timeline das intuitiv wahr, was mir grade wichtig ist. Lese meine Favoriten regelmäßig.*

@TwittCoach: Wie kommt man an so viele Verfolger? Sie wählen da doch nicht mehr aus, oder?

@pznews: *Doch, ich folge nach speziellen Schlüsselwörtern und folge generell den meisten gerne zurück, die mir folgen.*

@TwittCoach: Manche behaupten ja, Twitter töte unsere Kommunikationskultur. Ist da was dran?

@pznews: *Nein, sie verändert sie vielmehr und bietet den Menschen mehr Möglichkeiten. Twitter ist eine Kommunikationsrevolution!*

@TwittCoach: Gibt es etwas, das sich nicht in 140 Zeichen ausdrücken lässt?

@pznews: *Lange Texte und Zusammenhänge. Dazu eignen sich die Homepage oder ein Blogeintrag und die Verlinkung dorthin.*

@TwittCoach: Wie viele neue Follower haben Sie im Laufe dieses Interviews dazugewonnen?

@pznews: *Darauf habe ich nicht geachtet. Ich habe mich auf Ihre Fragen konzentriert.*

@TwittCoach: Ich danke Ihnen für das Interview!

@pznews: *Sehr gerne! Vielen Dank für Ihre interessanten Fragen, und weiterhin viel Spaß auf Twitter!*

Das Interview erschien am 05.09.2009 im Rahmen eines Artikels über Blogs, Twitter und deren Auswirkungen auf die Gesellschaft innerhalb der Wochenendausgabe der *Pforzheimer Zeitung*.

16.
Der Twitter-Faktor-30-Tage-Aktions-Plan

Zum Abschluss des Twitter-Faktors, den wir in erster Linie als Praxisbuch verstehen, geben wir Ihnen einen Aktions-Plan für die Umsetzung aller Tipps im Alltag an die Hand.

Wir wissen aus eigener Erfahrung, wie viele Informationen auf Sie einströmen, wenn Sie beginnen, sich mit Twitter und der restlichen Social-Media-Welt zu beschäftigen.

Wir haben Ihnen in diesem Buch aufgezeigt, wie einfach Twitter zu bedienen und wie machtvoll und effektiv es sein kann, wenn man es professionell einsetzt.

Wir möchten Sie daher dazu ermutigen, das Wissen, das Sie in diesem Buch erworben haben, sofort in der Praxis anzuwenden.

Dennoch ist uns klar, dass der Spaß und der volle Nutzen Ihres Twitter-Netzwerkes sich nicht sofort entfalten, sondern erst nach einer gewissen Zeit.

Wenn Sie den Twitter-Faktor-30-Tage-Aktions-Plan Schritt für Schritt umsetzen, versprechen wir Ihnen, dass Sie nicht nur sehr schnell Spaß haben, sondern in vollem Umfang von Twitter profitieren werden.

Unser Vorgehen ist sicherlich nicht der einzige mögliche Weg, sich ein Twitter-Netzwerk aufzubauen, doch der Plan ist von uns in der Praxis erprobt und funktioniert.

Arbeiten Sie den Plan Schritt für Schritt ab, so dass Sie alles Wichtige zur richtigen Zeit machen.

Tag 1 bis 7: Der Anfang

Schritt 1: Ziele setzen.

Heute überlegen Sie, was Sie genau mit Twitter erreichen wollen.

Setzen Sie sich ein Ein-, Drei- und ein Sechs-Monats-Ziel. Was wollen Sie in dieser Zeit mit Ihrem Twitter-Account erreichen? Schreiben Sie das auf und speichern Sie es ab. – Nur wer ein Ziel hat, kann auch ankommen.

Schritt 2: Anmelden und loslegen.

Melden Sie sich bei Twitter an, registrieren Sie sich und sichern sich Ihren individuellen Twitter-Namen, eventuell auch direkt den Ihres Unternehmens, Ihrer Marken und Produkte.

Schritt 3: Hintergrund-Layout gestalten.

Heute ist Ihre Kreativität gefragt.

Gestalten Sie sich ein ansprechendes und individuelles Hintergrund-Layout. Sie können eines der vielen kostenlosen Tools nutzen, oder lassen Sie sich von einem Grafiker oder Onlineprofi unterstützen.

Schritt 4: Halten Sie nach Freunden Ausschau.

Suchen Sie nach Ihren Freunden, Bekannten und Geschäftspartnern auf Twitter. Wer von ihnen twittert bereits, und wem können Sie folgen?

Schritt 5: Auf Twitter einlesen.

Heute machen Sie sich Gedanken darüber, was Sie twittern könnten. Dazu sollten Sie sich zunächst einmal Tweets aus Ihrer Branche oder ähnlichen Unternehmen ansehen. Überlegen Sie sich Tweets, die zu vielen Re-Tweets führen können.

Schritt 6: Fangen Sie an, anderen zu folgen.

Twitter ist vor allem dann sinnvoll, wenn Sie mit anderen kommunizieren. Deshalb sollten Sie versuchen, passende Follower zu gewinnen. Vielleicht folgen Ihnen die ersten ja schon, ohne dass Sie etwas dafür getan haben. Entscheiden Sie aktiv, wem Sie zurück folgenwollen.

Schritt 7: Just do it! Ihre ersten Tweets.

Heute wird zum ersten Mal getwittert! Nur nicht schüchtern sein, schreiben Sie über das, was Sie gerade denken oder tun. Doch bedenken Sie immer, dass Ihre Tweets unsterblich mit Ihnen verbunden sind. Das Netz und auch Twitter vergessen nie!

Tag 8 bis 14: Machen Sie die ersten Schritte in Richtung Profi

Schritt 8: Influencer suchen und folgen.

Sie haben nun schon ein paar Follower, auch schon die ersten Tweets und die Replies versendet und geretweetet. Suchen Sie sich nun digitale Meinungsführer, sogenannte Influencer, aus Ihrer Branche. Schauen Sie in deren Followerliste, wen Sie interessant finden.

Schritt 9: Multi-Account-Manager auswählen.

Nun wird es Zeit, sich einen Multi-Account-Manager auf den PC zu laden, damit Sie immer alles im Überblick haben.

Schritt 10: Betreiben Sie Benchmarking.

Schauen Sie sich genau an, wie Twitter-User mit vielen Followern und Updates twittern. Worüber schreiben sie? Wie kommunizieren sie mit ihrem Netzwerk? Lernen Sie von den besten und erfolgreichsten Ihrer Branche auf Twitter.

Schritt 11: Stellen Sie Fragen.

Starten Sie heute eine kleine Diskussion in Ihrem Netzwerk. Stellen Sie Fragen und finden Sie heraus, was Ihre Follower denken. Twitter ist ein Kommunikations-Tool – kommunizieren Sie!

Schritt 12: Beantworten Sie Fragen.

Wenn Sie Fragen in Ihrem Netzwerk entdecken, die in Ihr Wissensgebiet fallen, beantworten Sie sie. Social Media bedeutet erst zu geben, und zwar bedingungslos, und dann zu nehmen. Wenn Sie keine geeigneten Fragen finden, gehen Sie über die allgemeine Suche und suchen Sie nach Followern, denen Sie mit Ihrem Wissen helfen können und folgen ihnen dann.

Schritt 13: Haben Sie Spaß.

Twitter ist zwar ein tolles Online-Marketing-Tool, doch auch der Spaß darf nicht zu kurz kommen. Twittern Sie doch heute mal etwas Witziges, das Ihre Follower unterhält. Vielleicht einen Cartoon oder ein witziges YouTube-Video?

Schritt 14: Suchen Sie Experten.

Halten Sie heute Ausschau nach Experten in Ihrem Netzwerk. Von wem können Sie am meisten lernen? Nehmen Sie Kontakt auf. Schicken Sie der Person eine Direct-Massage. Wenn so ein Experte auf Ihren Blog oder Ihre Webseite schaut und darüber postet, kann das sehr positive Viral-Effekte auf Twitter nach sich ziehen.

Tag 15 bis 21: Erleichtern Sie sich die Arbeit

Schritt 15: Heute versenden Sie Ihren ersten getrackten Link-Tweet.

Bestimmt haben Sie schon in den ersten vierzehn Tagen einige Tweets mit Links gepostet.

Ab heute tracken Sie Ihre Links, damit Sie sehen können, wie viele User ihn anklicken. Nutzen Sie bit.ly zur Verkürzung Ihrer URL und tracken den Link auch dort.

Schritt 16: Automatisieren – Teil I.
Erstellen Sie eine Begrüßungsnachricht über *tweetlater.com*.

Schritt 17: Empfehlen Sie Ihre liebsten Twitter-User.
Nichts ist besser als eine qualifizierte Empfehlung, auch bei Twitter. Empfehlen Sie Ihre liebsten Follower bei *tweetranking.com* und finden Sie so auch neue Follower, denen Sie folgen können.

Schritt 18: Finden Sie Follower in anderen Social Networks.
Suchen Sie nach neuen Followern, die Sie bereits aus anderen Online-Netzwerken kennen.

Schritt 19: Automalisieren – Teil II.
Ab sofort gewinnen Sie Follower auf Knopfdruck. Definieren Sie Ihre Schlüsselwörter auf *twollo.com* und lehnen Sie sich zurück. Nun folgen Ihnen genau die Personen, die Sie sich wünschen.

Schritt 20: Beim FollowFriday mitmachen.
Nutzen Sie den nächsten FollowFriday, um neue interessante Follower zu gewinnen.

Schritt 21: Starten Sie eine Umfrage mit Twitter.
Heute interessiert Sie die Meinung Ihres Netzwerkes zu einem bestimmten Thema. Starten Sie eine Umfrage über *twtpoll.com*.

Tag 22 bis 30: Verfeinern Sie Ihre Twitter-Strategie, zum Beispiel mit Offline-Aktivitäten

Schritt 22: Schauen Sie sich nach Offline-Twitter-Aktivitäten um.

Vielleicht verabreden Sie sich zum Twittagessen, oder Sie initiieren selbst eines in Ihrer Stadt. Oder informieren Sie sich, wo der nächste Twittwoch stattfindet.

Schritt 23: Einfach mal durchatmen.

Lassen Sie es heute mal ruhiger angehen. Lesen Sie Ihre Timeline und antworten Sie auf interessante Fragen zu Ihrem Wissensgebiet.

Schritt 24: Bringen Sie Follower auf Ihren Blog.

Wenn Sie in den letzten drei Wochen Vertrauen zu Ihren Followern aufgebaut haben, dann können Sie sie jetzt auf Ihren Blog aufmerksam machen.

Schritt 25: Lassen Sie sich Feedback zu Ihrem Blog geben.

Fragen Sie gezielt nach der Meinung Ihrer Follower zu Ihrem Blog und erinnern Sie sie daran, sich für Ihren Newsletter einzutragen oder Ihren RSS-Feed zu abonnieren.

Schritt 26: Machen Sie ein Angebot.

Bieten Sie Ihren Followern ein Spezial-Angebot auf Ihrer Homepage an. Testen Sie, ob es angenommen wird.

Schritt 27: Bio-Suche.

Suchen Sie weitere Follower über die Bio-Suche bei *tweepsearch.com*.

Schritt 28: Kombinieren Sie Twitter mit anderen sozialen Netzwerken.

Wenn es bisher noch nicht geschehen ist, dann starten Sie genau heute damit: Vernetzen Sie Twitter mit all Ihren anderen sozialen Netzwerken. Machen Sie Ihren Twitter-Account so bekannt wie möglich. Ergänzen Sie Ihre E-Mail-Signatur und machen Sie in Ihrem Blog darauf aufmerksam. Nutzen Sie dazu spezielle Widgets. Leben Sie den Twitter-Faktor.

Schritt 29: Analysieren Sie Ihren Twitter-Erfolg.

Nach vier Wochen bei Twitter können Sie eine erste Bilanz über Ihre Twitter-Aktivitäten ziehen. Gehen Sie dazu auf *twitteranalyzer.com* und geben Sie dort Ihren Nutzer-Namen ein.

Schritt 30: Haben Sie Spaß mit Twitter und genießen Sie es.

Sie haben es geschafft! Sie sind am Ende dieses 30-Tages-Crash-Kurses angekommen und sollten nun bereits erste Auswirkungen des Twitter-Faktors zu spüren bekommen haben.

Genießen Sie Ihre ersten Erfolge auf Twitter und planen Sie gezielt Ihre nächsten Schritte.

Wir wünschen Ihnen maximale Erfolge mit Twitter und dem Twitter-Faktor!

17.
Danke!

Zunächst möchten wir Ihnen, liebe Leser, danken, dass Sie unser Buch gekauft und so Ihr Interesse an Twitter und dem Twitter-Faktor bekundet haben.

Vielen Dank für die Unterstützung, das Vertrauen und den Glauben unseres Verlegers Christian Hoffmann daran, dass *Der Twitter-Faktor* ein Erfolg wird, und dafür, dass er unsere Vision teilt.

Danke an alle Interviewpartner, die uns in den Best-Practice-Interviews bereitwillig Rede und Antwort standen. Ihre vielfältigen und unterschiedlichen Erfahrungen mit Twitter machen das Buch erst besonders wertvoll. Danke auch an die vielen Twitter-User, die uns bewusst oder unbewusst Tipps zur optimalen Nutzung von Twitter gegeben haben. Ein besonderer Dank gilt Heide Liehmann, von deren professionellem Lektorat der Twitter-Faktor sehr profitiert hat.

Die Twitt`Academy!

Inklusive:

- Twitter-Videokurs
- Online-Seminare
- Twitter-Forum
- und Twitter-Tools

www.twittacademy.com

Bücher für Ihren Erfolg

Erfolg und Karriere

Valentin Nowotny
Die neue Schlagfertigkeit
328 Seiten • 24,80 Euro
ISBN 978-3-938358-97-9
Art.-Nr. 698

Eva Ruppert
Ihr starker Auftritt
188 Seiten • 17,90 Euro
ISBN 978-3-938358-90-0
Art.-Nr. 788

Anita Hermann-Ruess
**Speak Limbic –
Das Ideenbuch für
wirkungsvolle
Präsentationen**
400 Seiten • 79,00 Euro
ISBN 978-3-938358-44-3
Art.-Nr. 679

Sonja Ulrike Klug
**Konzepte ausarbeiten – schnell
und effektiv**
3. Auflage
125 Seiten • 21,80 Euro
ISBN 978-3-938358-82-5
Art.-Nr. 772

Oliver Groß
**Spurwechsel –
Jetzt mach ich es!**
165 Seiten • 17,80 Euro
ISBN 978-3-938358-89-4
Art.-Nr. 787

Matthias K. Hettl
Richtig führen ist einfach
103 Min. auf 2 CDs • 19,80 Euro
ISBN 978-3-938358-85-6
Art.-Nr. 779

Jens Kegel
**Selbstvermarktung
freihändig**
242 Seiten • 24,80 Euro
ISBN 978-3-938358-83-2
Art.-Nr. 769

Despeghel • Nickel
**BE FIT!
Das Gesundheitscoaching**
174 Seiten • 9,90 Euro
ISBN 978-3-938358-91-7
Art.-Nr. 732

Vertrieb und Verkaufen

Werth • Ruben • Franz
High Probability Selling
228 Seiten • 24,80 Euro
ISBN 978-3-938358-55-9
Art.-Nr. 730

Anne M. Schüller
**Erfolgreich verhandeln –
Erfolgreich verkaufen**
232 Seiten • 24,80 Euro
ISBN 978-3-938358-95-5
Art.-Nr. 802

Heiko Burrack
**Erfolgreiches New Business
für Werbeagenturen**
288 Seiten • 29,80 Euro
ISBN 978-3-86980-001-1
Art.-Nr. 796

Marcel Klotz
Competence Selling
256 Seiten • 34,80 Euro
ISBN 978-3-86980-009-7
Art.-Nr. 817

www.BusinessVillage.de

Marketing/Online-Marketing

Christian Kalkbrenner
High-Speed-Marketing
248 Seiten • 24,80 Euro
ISBN 978-3-938358-98-6
Art.-Nr. 804

Wolfgang Hünnekens
Die Ich-Sender
156 Seiten • 17,90 Euro
ISBN 978-3-86980-005-9
Art.-Nr. 808

Thomas Kilian
Der Igel-Faktor
256 Seiten • 24,80 Euro
ISBN 978-3-938358-86-3
Art.-Nr. 768

Eisinger • Rabe • Thomas (Hrsg.)
**Performance Marketing –
Erfolgsbasiertes
Online-Marketing**
3. Auflage
372 Seiten • 39,80 Euro
ISBN 978-3-86980-008-0
Art.-Nr. 723

Anne M. Schüller
**Zukunftstrend
Empfehlungsmarketing**
3. Auflage
135 Seiten • 21,80 Euro
ISBN 978-3-938358-63-4
Art.-Nr. 753

Busch • Kastner •
Vaih-Baur
**Die Kunst der Marken-
führung**
174 Seiten • 17,90 Euro
ISBN 978-3-934424-81-4
Art.-Nr. 603

Thomas Kaiser
**Top-Platzierungen
bei Google & Co.**
127 Seiten • 21,80 Euro
ISBN 978-3-938358-49-8
Art.-Nr. 810

Frank Reese (Hrsg.)
Website-Testing
328 Seiten • 39,80 Euro
ISBN 978-3-938358-58-0
Art.-Nr. 806

Claudia Hilker
**WOW-Marketing – Kleines
Budget und große Wirkung**
110 Seiten • 21,80 Euro
ISBN 978-3-938358-57-3
Art.-Nr. 712

Kalkbrenner • Lagerbauer
**Der Bambus-Code – Schneller
wachsen als die Konkurrenz**
116 Seiten • 21,80 Euro
ISBN 978-3-938358-75-7
Art.-Nr. 755

Frank Reese
**Web Analytics – Damit aus
Traffic Umsatz wird**
2. Auflage
287 Seiten • 34,90 Euro
ISBN 978-3-938358-71-9
Art.-Nr. 693

Godau • Ripanti
**Online-Communitys
im Web 2.0**
214 Seiten • 34,90 Euro
ISBN 978-3-938358-70-2
Art.-Nr. 741

Bücher für Ihren Erfolg

Wolfgang Hünnekens
Die Ich-Sender
Das Social Media-Prinzip –
TWITTER, FACEBOOK &
COMMUNITYS ERFOLGREICH
EINSETZEN

2009; 17,90 Euro
ISBN 978-3-86980-005-9 ; Art-Nr.: 808

Die Ich-Sender – sie twittern, bloggen und präsentieren einem Millionenpublikum Details aus ihrem Leben. Social Media sind für die Generation Upload so selbstverständlich wie die Luft zum Atmen – doch wie steht es um die Unternehmen? Die kommerzielle Nutzung von Facebook, Twitter, Xing und Co. für gezieltes Marketing, Zielgruppenkommunikation oder PR ist für viele Unternehmen noch immer nicht Realität.

Der Kommunikationsprofi Wolfgang Hünnekens zeigt in seinem neuen Buch, welche Möglichkeiten das Web 2.0 mit seinen Kommunikationsformen bietet. Den Kinderschuhen entwachsen entwickeln sich die Social Media zu einer ernsthaften, seriösen Kommunikationsform. Anhand vieler Beispiele zeigt dieses Buch, welche Potenziale diese neuen Medien bieten. Ob Social Media-Kenner oder -Novizen, die beabsichtigen ins Thema einzusteigen, sie alle finden in diesem Buch viele neue Aspekte für den gezielten Einsatz von Social Media.

Über den Autor

Wolfgang Hünnekens ist Gründer des Institutes of Electronic Business (IEB), Managing Partner von Publicis Berlin sowie Gastprofessor für Digitale Kommunikation an der UdK Berlin. Der gebürtige Düsseldorfer ist verheiratet und Vater von zwei Töchtern.